创新型人才培养系列教材·工作手册式

VMware vSphere 7.0
云平台运维与管理（第 2 版）

杨海艳　张文库　王　印　主　编

电子工业出版社
Publishing House of Electronics Industry
北京·BEIJING

内 容 简 介

本书是一本以 VMware vSphere 7.0 平台为基础的从入门到精通的项目任务化教程,项目 1 介绍虚拟化与云计算的基本概念,项目 2 介绍搭建 VMware 企业级虚拟化平台的全过程,项目 3 以 StarWind 和 openfiler 为例介绍 iSCSI 存储的搭建与配置,项目 4 介绍部署 vCenter Server 的过程,项目 5 介绍 vCenter Server 的高级应用,项目 6 详细介绍 VMware 云桌面服务的搭建。

本书不仅可以作为高职院校、应用型本科院校计算机网络技术、云计算技术与应用专业的学生教材,还可以作为对 VMware vSphere 云平台运维与管理技术感兴趣的读者的参考用书。

图书在版编目(CIP)数据

VMware vSphere 7.0 云平台运维与管理 / 杨海艳,张文库,王印主编. —2 版. —北京:电子工业出版社,

2021.8(2025.1 重印)

ISBN 978-7-121-41787-0

Ⅰ. ①V… Ⅱ. ①杨… ②张… ③王… Ⅲ. ①虚拟处理机 Ⅳ. ①TP317

中国版本图书馆 CIP 数据核字(2021)第 159943 号

责任编辑:李 静   特约编辑:田学清
印   刷:三河市君旺印务有限公司
装   订:三河市君旺印务有限公司
出版发行:电子工业出版社
         北京市海淀区万寿路 173 信箱   邮编 100036
开   本:787×1092   1/16   印张:16   字数:410 千字
版   次:2018 年 4 月第 1 版
         2021 年 8 月第 2 版
印   次:2025 年 1 月第 8 次印刷
定   价:49.80 元

前　言

科技发展到 21 世纪后，许多技术都出现了突破性进步，电子计算机这个 20 世纪最伟大的技术发明在经过了几十年的发展历程后，随着云计算的出现将面临巨大的变革，互联网的高度发达是这场变革的原动力。正如一首歌中描述的："我是一片云，天空是我家。"云计算为计算技术的发展插上了翅膀，突破了桎梏，必然会飞向天空。

云计算是概念，而不是具体技术。虚拟化是一种具体技术，指把硬件资源虚拟化，实现隔离性、可扩展性、安全性、资源可充分利用等特点的产品。目前，云计算大多依赖虚拟化，通过把多台服务器实体虚拟化，构成资源池，实现共同计算，共享资源。"云计算"这个名词提出来之前，"服务器集群"已经实现这些功能了，只不过没有现在先进而已。

几十年来，人们已经适应了单机的工作模式，习惯自己购买软件和硬件，互联网的发展特别是云计算概念的出现，使软件和硬件都隐没于云端，实现了诗人贾岛所描绘的"只在此山中，云深不知处"的意境，用户在这种技术意境下面对的将全部是服务。SaaS实现了软件即服务的理念，而云计算则更彻底地实现了软、硬件都是服务的变革。今后，用户需要购买的东西只有一种：服务。这些服务包括：计算能力服务、软件功能服务、存储服务等。用户的个人终端将退化成一个信息交互工具，实现用户与云的沟通，利用云计算技术，用户的普通终端甚至掌上终端就能完成现在大型机才能完成的功能。互联网在云计算时代承载的将不仅仅是信息，它也向用户传送服务和计算能力，从而大大拓展计算机的应用空间。

尽管编写本书时，作者精心设计了每个场景、案例，考虑了相关企业的共性问题，但就像天下没有完全相同的两个人一样，每个企业都有自己的特点，都有自己的需求。所以，这些案例可能并不能完全满足读者的需求，在实际应用时需要根据企业的情况进行改动。

　　本书适合读者从头至尾阅读，也可以按照喜好和关注点挑选独立的章节阅读。我们希望通过本书能加深您对虚拟化与云计算的理解，获得您所期待的信息。

　　需要特别指出的是，该书中的很多内容都参考了王春海《VMware 虚拟化与云计算应用案例详解》、何坤源《VMware vSphere 5.0 虚拟化架构实战指南》、李晨光等的《虚拟化与云计算平台构建》等专家的书，以及互联网上诸多论坛中的帖子，所以非常感谢这些前辈们的付出。

目　　录

项目 1　初识虚拟化与云计算

项目说明

　　在过去的半个多世纪，信息技术的发展，尤其是计算机和互联网技术的进步极大地改变了人们的工作和生活方式。大量企业开始采用以数据中心为业务运营平台的信息服务模式。进入 21 世纪后，数据中心变得空前重要和复杂，这对管理工作提出了全新的挑战，一系列问题接踵而来。企业如何通过数据中心快速地创建服务并高效地管理业务？怎样根据需求动态调整资源以降低运营成本？如何更加灵活、高效、安全地使用和管理各种资源？如何共享已有的计算平台而不是重复创建自己的数据中心？业内人士普遍认为，信息产业本身需要更彻底的技术变革和商业模式转型，虚拟化和云计算正是在这样的背景下应运而生的。

　　"虚拟化"和"云计算"是两个抽象概念，标志计算机技术发展进入一个新的历史阶段，因此需要我们去学习和了解。

 ## 任务 1.1　认识服务器虚拟化

扫一扫，看微课

任务说明

　　虚拟化技术很早就在计算机体系结构、操作系统、编译器和编程语言等领域得到广泛应用。该技术实现了资源的逻辑抽象和统一表示，在服务器、网络及存储管理等方面都有着突出的优势，大大降低了管理复杂度，提高了资源利用率，也提高了运营效率，从而有效地控制了成本。由于在大规模数据中心管理和基于互联网的解决方案交付运营方面有着巨大的价值，服务器虚拟化技术受到人们的高度重视，人们普遍相信虚拟化将成为未来数据中心的重要组成部分。

任 务 分 析

本任务的主要内容是理解服务器虚拟化的基本概念，弄清企业为什么要实施服务器虚拟化，以及当前流行的企业级虚拟化解决方案。

任 务 实 施

第1步：理解服务器虚拟化的体系结构。

目前，企业使用的物理服务器一般运行单个操作系统，随着服务器整体性能大幅度提升，服务器的 CPU、内存等硬件资源的利用率越来越低。另外，服务器操作系统难以移动和复制，硬件故障会造成服务器停机，无法对外提供服务，导致物理服务器维护工作的难度很大。物理服务器的体系结构如图 1.1.1 所示。

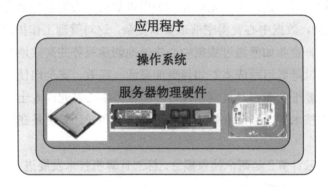

图 1.1.1　物理服务器的体系结构

使用服务器虚拟化，可以在一台服务器上运行多个虚拟机，它们共享同一台物理服务器的硬件资源。每个虚拟机都是相互隔离的，这样可以在同一台物理服务器上运行多个操作系统及多个应用程序。服务器虚拟化的体系结构如图 1.1.2 所示。

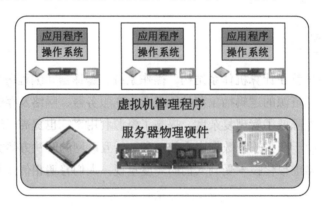

图 1.1.2　服务器虚拟化的体系结构

虚拟化的工作原理是直接在物理服务器的硬件或主机操作系统上运行一个被称为虚拟机管理程序（Hypervisor）的虚拟化系统。通过虚拟机管理程序，多个操作系统可以同时运行在单台物理服务器上，共享服务器的硬件资源。

虚拟机管理程序一般分为两类：第一类虚拟机管理程序直接运行在硬件上，也称为裸金属架构（Bare Metal Architecture）；第二类虚拟机管理程序则需要主机安装操作系统，由主机操作系统负责提供 I/O 设备支持和内存管理，也称为寄居架构（Hosted Architecture）。常见的第一类虚拟机管理程序包括 VMware ESXi、微软 Hyper-V、开源的 KVM（Linux 内核的一部分）和 Xen 等，常见的第二类虚拟机管理程序包括 VMware Workstation、Oracle VM Virtual Box 和 QEMU 等。

第 2 步：理解虚拟化与传统物理服务器的区别。

物理架构存在的问题：难以复制和移动、受制于一定的硬件组件、生命周期短、物理服务器的资源利用率低。

服务器虚拟化是将一台物理服务器虚拟成多台虚拟服务器。虚拟服务器由一系列的文件组成。

与物理机相比，虚拟机最大限度地利用物理机的资源；节省能耗；更方便地获取计算资源；与硬件无关，虚拟机都是文件，方便迁移、保护；生命周期更长，不会随着硬件变化而变化；根据需求的变化，非常容易更改资源的分配；包括更多高级功能，如在线的数据、虚拟机迁移，高可用，自动资源调配，云计算，减少整体拥有成本（管理、维护等）。

在传统应用中，每个应用（或项目）运行在单独的物理服务器中，每个物理服务器只跑 1 个网站或运行 1 个项目。在大多数的政府、企业中，单台服务器大多配置了 1 个 CPU、2～3 个硬盘作为 RAID1 或 RAID5，单电源，单网络（服务器 2 块网卡或 4 块网卡只用一块）。而在虚拟化项目中，虚拟化主机服务器大多配置 2～4 个 CPU，6～10 个甚至更多硬盘作为 RAID5、RAID50 或 RAID10，2～4 个电源，4 个或更多的物理网卡冗余。虚拟化中每台服务器都有冗余，在服务器中的单一网卡、硬盘、电源，甚至 CPU 出现问题时都会有冗余设备接替。另外，在虚拟化项目中，通常采用共享的存储，虚拟机保存在共享的存储中，即使某台主机完全损坏，运行在该主机上的虚拟机也会在其他物理主机上启动，保证业务系统不会中断。

第 3 步：了解企业实施服务器虚拟化的优点。

使用服务器虚拟化，可以降低 IT 成本，提高服务器的利用率和灵活性。使用服务器虚拟化的原因包含以下几个方面。

（1）提高服务器硬件资源利用率。通过服务器虚拟化，可以使一台服务器同时运行多个虚拟机，每个虚拟机运行一个操作系统。这样，一台服务器可以同时对外提供多种服务。服务器虚拟化可以充分利用服务器的 CPU、内存等硬件资源。

（2）降低运营成本。使用服务器虚拟化，一台服务器可以提供原先几台物理服务器所提供的服务，明显减少了服务器的数量。服务器硬件设备的减少，可以减少占地空间，电力和散热成本也会大幅度降低，从而降低运营成本。

（3）方便服务器运维。虚拟机封装在文件中，不依赖物理硬件，使虚拟机操作系统易于移动和复制。一个虚拟机与其他虚拟机相互隔离，不受硬件变化的影响，方便服务器运维。

（4）提高服务可用性。在虚拟化架构中，管理员可以安全地备份和迁移整个架构，不会出现服务中断的情况。使用虚拟机在线迁移可以消除计划内停机，使用 HA（High Availability，高可用性）等高级特性可以从计划外故障中快速恢复虚拟机。

（5）提高桌面的可管理性和安全性。通过部署桌面虚拟化，可以在所有台式计算机、笔记本电脑、瘦终端、平板电脑和手机上部署、管理和监控云桌面，用户可以在本地或远程访问自己的一个或多个云桌面。

第 4 步：了解当前流行的企业级虚拟化解决方案

目前流行的企业级虚拟化厂商及其解决方案包括 VMware vSphere、微软 Hyper-V、Red Hat KVM、Citrix Xen App 等。

（1）VMware vSphere：VMware（中文名为"威睿"）是全球数据中心虚拟化解决方案的领导厂商。VMware vSphere 是 VMware 推出的企业级虚拟化解决方案，vSphere 不是一个单一的软件，而是由多个软件组成的虚拟化解决方案，核心组件包括 VMware ESXi、VMware vCenter Server 等。除了 VMware vSphere，VMware 还有很多其他产品，包括云计算基础架构产品 VMware vCloud Suite、桌面与应用虚拟化产品 VMware Horizon View、个人桌面级虚拟机 VMware Workstation 等。

（2）微软 Hyper-V：Hyper-V 是微软推出的企业级虚拟化解决方案，微软在企业级虚拟化领域的地位仅次于 VMware。微软从 Windows Server 2008 开始集成了 Hyper-V 虚拟化解决方案，到 Windows Server 2019 的 Hyper-V 已经是第六代，Hyper-V 是 Windows Server 中的一个服务器角色。微软还推出了免费的 Hyper-VServer，其实际上是仅具备 Hyper-V 服务器角色的 Server Core 版本服务器。微软在 Windows 8 之后的桌面操作系统中也集成了 Hyper-V，仅限专业版和企业版。

（3）Red Hat KVM：KVM（Kernel-based Virtual Machine，基于内核的虚拟机）最初是由以色列 Qumranet 公司开发的，在 2006 年，KVM 模块的源代码被正式接纳进入 Linux Kernel，成为 Linux 内核源代码的一部分。作为开源 Linux 系统领军者的 Red Hat 公司，也没有忽略企业级虚拟化市场。

2008 年，Red Hat 收购了 Qumranet 公司，从而拥有了自己的虚拟化解决方案。Red Hat 在 Red Hat Enterprise Linux 的 6.x 和 7.x 中集成了 KVM，另外，Red Hat 还发布了基于 KVM 的 RHEV（Red Hat Enterprise Virtualization）服务器虚拟化平台。

（4）Citrix Xen App：Xen 是一个开源虚拟机管理程序，于 2003 年公开发布，由剑桥大学在开展"Xeno Server 范围的计算项目"时开发。依托于 Xeno Server 项目，一家名为 Xen Source 的公司创立，该公司致力于开发基于 Xen 的商用产品。2007 年，Xen Source 被 Citrix

收购。Citrix 即美国思杰公司，是一家致力于移动、虚拟化、网络和云服务领域的企业，产品包括 Citrix Xen App（应用虚拟化）、Citrix Xen Desktop（桌面虚拟化）、Xen Server（服务器虚拟化）等。目前，Citrix 公司的桌面和应用虚拟化产品在市场中占有比较重要的地位。

 # 任务 1.2　认识云计算技术

扫一扫，看微课

 **任务说明**

云计算的目标是将计算和存储简化为像公用的水和电一样易用的资源，用户只要连上网络即可方便地使用，按量付费。云计算提供了灵活的计算能力和高效的海量数据分析方法，企业不需要构建专用的数据中心就可以在云平台上运行各种各样的业务系统，这种计算模式和商业模式吸引了产业界和学术界的广泛关注。虚拟化研究是云计算的基石，是云计算最重要的支撑技术。

任务分析

本任务的主要内容是了解云计算的发展、基本定义、服务模式及部署模式等最基本的云计算技术。

相关知识

从 20 世纪 80 年代起，IT 产业经历了四个大的时代：大（小）型机时代、个人计算机时代、互联网时代、云计算时代，如图 1.2.1 所示。大（小）型机时代在 20 世纪 80 年代之前，个人计算机时代从 20 世纪 80 年代到 20 世纪 90 年代，互联网时代在 20 世纪 90 年代到 21 世纪，最近十年，云计算时代正在到来。

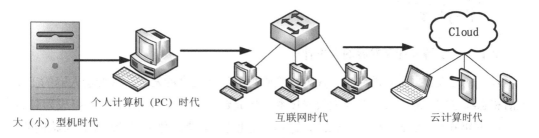

图 1.2.1　IT 产业经历的四个大时代

从 20 世纪 60 年代的只有大型机，到 20 世纪七八十年代以 UNIX 为主导，小型机开始成为主流，大型机真正统领江湖的时代事实上只有 15～20 年。

个人计算机时代到来的标志是昂贵的、只在特殊行业使用的大型机发展成每个人都能负担得起、每个人都会使用的个人计算机。个人计算机时代的到来提高了个人的工作效率和企业的生产效率。

互联网时代的到来使数亿计的单个信息孤岛汇集成庞大的信息网络，方便了信息的发布、收集、检索和共享，极大地提高了人类沟通、共享和协作的效率及社会生产力，丰富了人们的社交和娱乐活动。可以说，当前绝大多数企业、学校的日常工作都依赖互联网。

云计算时代的到来，这里先不说云计算的定义，而是从日常生活说起。现在我们每天都在使用自来水、电和天然气，你有没有想过这些资源使用起来为什么这么方便呢？不需要自己去挖井、发电，也不用自己搬蜂窝煤烧炉子。这些资源都是按需收费的，用多少付多少费用。有专门的企业负责产生、输送和维护这些资源，用户只需要使用就可以了。

如果把计算机、存储、网络这些 IT 基础设施与水、电、气等资源做比较，IT 基础设施还远没有达到水、电、气那样的高效利用。就目前情况来说，无论是企业还是个人，都是单独购置 IT 设施，但使用率相当低，大部分 IT 基础设施没有得到高效利用。产生这种情况的原因在于 IT 基础设施的可流通性不如水、电、气那样成熟。

科学技术的飞速发展，网络带宽、硬件性能的不断提升，为 IT 基础设施的流通创造了条件，假如有一个公司，其业务是提供和维护企业和个人需要的计算、存储、网络等 IT 基础资源，而这些 IT 基础资源可以通过互联网传送给最终用户。那么，用户不需要采购昂贵的 IT 基础设施，而是租用计算、存储和网络资源，这些资源可以通过手机、平板电脑和瘦客户端等设备访问。这种将 IT 基础设施像水、电、气一样传输给用户、按需付费的服务就是狭义的云计算。如果将提供的服务从 IT 基础设施扩展到软件服务、开发服务，甚至所有 IT 服务，就是广义的云计算。

云计算是基于 Web 的服务，以互联网为中心。从 2008 年开始，云计算的概念逐渐流行起来，云计算在近几年受到 IT、学术界、商界甚至政府的热捧，一时间云计算这个词语无处不在，让同时代的其他 IT 技术自叹不如。云计算被视为"革命性的计算模型"，囊括了开发、架构、负载平衡和商业模式等。

任务实施

第 1 步：了解云计算发展的大事件

云计算与大数据时代的到来，深入影响着世界经济社会的发展，改变着人们的工作、生活和思维方式。随着云计算与大数据技术不断成熟，其在各个领域的应用将成为必然。

1959 年 6 月，Christopher Strachey 发表虚拟化论文，虚拟化是云计算基础架构的基石。

1962 年，J.C.R.Licklider 提出"星际计算机网络"设想。

1984 年，Sun 公司的联合创始人 JohnGage 说出了"网络就是计算机"的名言，用于描述分布式计算技术带来的新世界，现在的云计算正将这一理念变成现实。

1997 年，南加州大学教授 RamnathK.Chellappa 提出云计算的第一个学术定义："计算的边界可能不是技术局限，而是经济合理性。"

1998 年，VMware（威睿公司）成立并首次引入 x86 的虚拟化技术。

1999 年，Marc Andreessen 创建 Loud Cloud，其是第一个商业化的 IaaS 平台。同年，salesforce.com 公司成立，宣布"软件终结"革命开始。

2000 年，SaaS 兴起。

2006 年 3 月，亚马逊推出弹性计算云（Elastic Compute Cloud）服务。

2006 年 8 月，谷歌首席执行官埃里克·施密特在搜索引擎大会首次提出"云计算"（Cloud Computing）的概念。

2008 年 2 月，IBM 宣布将在中国无锡太湖新城科教产业园为中国的软件公司建立全球第一个云计算中心（Cloud Computing Center）。

2010 年 7 月，美国国家航空航天局（NASA）与 Rackspace、AMD、Intel、戴尔等支持厂商共同宣布 OpenStack 开源计划。

2010 年，阿里巴巴旗下的"阿里云"正式对外提供云计算商业服务。

2013 年 9 月，华为面向企业和运营商客户推出云操作系统 Fusion Sphere 3.0。

2015 年 3 月，第十二届全国人民代表大会第三次会议提出制订"互联网+"行动计划，推动移动互联网、云计算、大数据、物联网等与现代制造业结合，促进电子商务、工业互联网和互联网金融健康发展，引导互联网企业拓展国际市场。

2015 年 5 月，国务院公布"中国制造 2025"战略规划，提出工业互联网、大数据、云计算、生产制造、销售服务等全流程和产业链的综合集成应用。

2015 年 10 月，教育部颁布《普通高等学校高等职业教育（专科）专业目录（2015 年）》，"云计算技术与应用"列入新的专业目录。

2016 年 9 月，教育部颁布《普通高等学校高等职业教育（专科）专业目录（2016 年）》，"大数据技术与应用"列入新的专业目录。

据中国信息通信研究院发布的《云计算白皮书（2020）》，2019 年我国公有云市场规模首次超过私有云。2019 年，我国云计算整体市场规模达 1334 亿元，增速 38.6%。其中，公有云市场规模达 689 亿元，相比 2018 年增长 57.6%，2020—2021 年仍处于快速增长阶段，2023 年市场规模将超过 2300 亿元；私有云市场规模达 645 亿元，较 2018 年增长 22.8%，预计未来几年将保持稳定增长，2023 年市场规模将近 1500 亿元。

第 2 步：理解云计算的定义

狭义的云计算是指 IT 基础设施的交付和使用模式，即通过网络以按需、易扩展的方式获得所需的 IT 基础设施资源。广义的云计算是指各种 IT 服务的交付和使用模式，指通过网络以按需、易扩展的方式获得所需的各种 IT 服务。

第 3 步：理解云计算的三大服务模式

（1）IaaS（lnfrastructure as a Service，基础设施即服务）：提供给用户的是计算、存储、网络等 IT 基础设施资源。用户能够部署一台或多台云主机，在其上运行操作系统和应用程序。用户不需要管理和控制底层的硬件设备，但能控制操作系统和应用程序。云主机可以运行 Windows 操作系统，也可以运行 Linux 操作系统，在用户看来，它与一台真实的物理主机没有区别。目前最具代表性的 IaaS 产品包括国外的亚马逊 EC2 云主机、S3 云存储，以及国内的阿里云、盛大云、百度云等。

（2）PaaS（Platform as a Service，平台即服务）：提供给用户的是应用程序的开发和运营环境，实现应用程序的部署和运行。PaaS 主要面向软件开发者，使开发者能够将精力专注于应用程序的开发，极大地提高了应用程序的开发效率。目前最具代表性的 PaaS 产品包括国外的 Google App Engine、微软 Windows Azure，以及国内的新浪 SAE 等。

（3）SaaS（Software as a Service，软件即服务）：提供给用户的是具有特定功能的应用程序，应用程序可以在各种客户端设备上通过浏览器或瘦客户端界面访问。SaaS 主要面向使用软件的最终用户，用户只需要关心软件的使用方法，不需要关注后台服务器和硬件环境。目前最具代表性的 SaaS 产品包括国外的 Salesforce 在线客户关系管理（CRM），以及国内的金蝶 ERP 云服务、八百客在线 CRM 等。

第 4 步：了解云计算的部署模式

云计算的部署模式可以分为三种：公有云、私有云和混合云。

（1）公有云：云计算服务提供商为客户提供的云，所有的服务都是通过互联网提供给用户的，如图 1.2.2 所示。

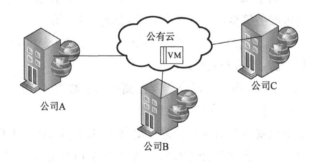

图 1.2.2　公有云

对于使用者而言，公有云的优点在于所有的硬件资源、操作系统、程序和数据都存放在公有云服务提供商处，自己不需要进行相应的投资和建设，成本比较低；缺点是由于数据都不存放在自己的服务器中，使用者会对数据私密性、安全性和不可控性有所顾虑。典型的公有云服务提供商有亚马逊 AWS（Amazon Web Services）、微软 Windows Azure、阿里云、盛大云等。

（2）私有云：企业自己建设的云，所有的服务只供公司内部部门或分公司使用，如图 1.2.3 所示。私有云的初期建设成本比较高，比较适合有众多分支机构的大型企业或政府。可用于私有云建设的云计算系统包括 OpenStack、VMware vCloud 等。

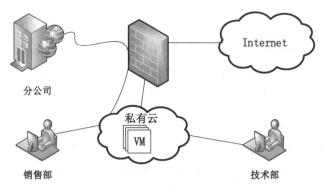

图 1.2.3 私有云

另外，私有云也可以部署在云计算服务提供商上，基于网络隔离等技术，通过 VPC 专线访问。这种私有云也称为 VPC（Virtual Private Cloud）。

（3）混合云：很多企业出于安全考虑，更愿意将数据存放在私有云中，但又希望获得公有云的计算资源，因此这些企业同时使用私有云和公有云，这就是混合云。另外，如果企业建设的云既可以给公司内部使用，也可以给外部用户使用，也称为混合云。

第 5 步：了解云计算兴起的成熟条件

云计算技术兴起的成熟条件包含以下几个方面。

1. 虚拟化技术的成熟

云计算的基础是虚拟化。服务器虚拟化、网络虚拟化、存储虚拟化在近几年已经趋于成熟，这些虚拟化技术已经在多个领域得到应用，并且开始支持企业级应用。虚拟化市场的竞争日趋激烈，VMware（威睿）、Microsoft（微软）、Red Hat（红帽）、Citrix（思杰）、Oracle（甲骨文）、华为等公司的虚拟化产品不断发展，各有优势。

虚拟化技术早在 20 世纪 60 年代就已经出现，但只能在高端系统上使用。在 Intel x86 架构方面，VMware 在 1998 年推出了 VMware Workstation，这是第一个能在 x86 架构上运行的虚拟机产品。随后，VMware ESXi Server、Virtual PC、Xen、KVM、Hyper-V 等产品的推出，以及 Intel、AMD 在 CPU 中对硬件辅助虚拟化的支持，使得 x86 体系的虚拟化技术越来越成熟。

2. 网络带宽的提升

随着网络技术不断发展，互联网骨干带宽和用户接入互联网的带宽快速提升。2013 年，国家印发"宽带中国"战略及实施方案，中华人民共和国工业和信息化部、三大运营商均将"宽带中国"列为通信业发展的重中之重。

中国普通家庭的 Internet 接入带宽已经从十几年前的几十 Kbit/s 发展到现在的 4～1000Mbit/s，基本实现光纤到户。不得不说，要充分享受云计算服务带来的好处，国内的宽带速度必须进一步提升，并降低费用，让高速 Internet 进入千家万户。

3．Web 应用开发技术的进步

Web 应用开发技术的进步，大大提高了用户使用互联网应用的体验，也方便了互联网应用的开发。这些技术使得越来越多的以前必须在 PC 桌面环境使用的软件功能可以在互联网上通过 Web 来使用，比如 Office 办公软件及绘图软件。

4．移动互联网和智能终端的兴起

随着智能手机、平板电脑、可穿戴设备、智能家电的出现，移动互联网和智能终端快速兴起。由于这些设备的本地计算资源和存储资源都十分有限，而用户对其能力的要求却是无限的，所以很多移动应用都依赖服务器端的资源。而移动应用的生命周期比传统应用更短，对服务架构和基础设施架构提出了更高的要求，从而推动了云计算服务需求的发展。

5．大数据问题和需求

在互联网时代，人们产生、积累了大量数据，简单地通过搜索引擎获取数据已经不能满足多种多样的应用需求。怎样从海量的数据中高效地获取有用数据，有效地处理并最终得到感兴趣的结果，这就是"大数据"要解决的问题。由于大数据数据规模巨大，所需要的计算和存储资源庞大，将其交给专业的云计算服务商进行处理是一个可行方案。

项目2 使用 VMware 实施企业级虚拟化

项目说明

vSphere 的两个核心组件是 VMware ESXi 和 VMware vCenter Server。ESXi 是用于创建和运行虚拟机及虚拟设备的虚拟化平台。vCenter Server 是一种服务，充当连接到网络的 ESXi 主机的中心管理员。ESXi 是虚拟化的基础，虚拟化实施的第一步就是安装配置 ESXi。

VMware 服务器虚拟化产品 VMware ESXi Server（或 VMware ESXi），在本质上与 VMware Workstation、VMware Server 是相同的，都是一款虚拟机软件。不同之处在于 VMware ESXi Server（或 VMware ESXi）简化了 VMware Workstation、VMware Server 与主机之间的操作系统层，直接运行于裸机，其虚拟化管理层更精简，故 VMware ESXi Server（或 VMware ESXi）的性能更好。

在原始的 vSphere ESXi 体系结构中，虚拟化内核（称为 VMkernel）增加了一个被称为控制台操作系统（也称为 COS 或服务控制台）的管理分区。COS 的主要用途是提供主机的管理界面。在 COS 中部署了各种 VMware 管理代理，以及其他基础架构服务代理（如名称服务、时间服务和日志记录等）。在此体系结构中，许多客户都部署了来自第三方的其他代理来提供特定功能，如硬件监控和系统管理。而且，个别管理用户还登录 COS 运行配置和诊断命令及脚本。

新的 vSphere ESXi 体系结构去除了 COS，所有 VMware 代理直接在 VMkernel 上运行。基础架构服务通过 VMkernel 附带的模块直接提供。其他获得授权的第三方模块（如硬件驱动程序和硬件监控组件）也可以在 VMkernel 上运行。只有获得 VMware 数字签名的模块才能在系统上运行，因此形成了严格锁定的体系结构。通过阻止任意代码在 vSphere 主机上运行，极大地提高了系统的安全性。VMware ESXi Server 安装后约占用 2GB 内存，而 VMware ESXi 7.0 只占用不到 400MB 内存。

任务 2.1　安装 ESXi 服务器系统

扫一扫，看微课

要掌握 VMware vSphere 企业级虚拟化平台的运维管理，就得从 VMware ESXi 的安装开始，从无到有地安装配置 VMware ESXi，并在 ESXi 中创建虚拟机、配置虚拟机、管理 VMware ESXi 网络。VMware ESXi 的安装环境比较灵活，有以下三种方法。

（1）在服务器上安装。这是最好的方法，你可以在购买的 IBM、HB、Dell 这些服务器上安装测试 VMware ESXi，在安装的时候，服务器原来的数据会丢失，请备份这些数据。

（2）在 PC 上测试，搭建实验环境。在某些 Intel 芯片组，CPU 是 Core i3、i5、i7，它们都支持 64 位硬件虚拟化，可以在这些普通 PC 上安装测试 VMware ESXi。

当主板芯片组是 H61 的时候，VMware ESXi 安装在 SATA 硬盘上可能不能启动，可以将 VMware ESXi 安装在 U 盘上，用 SATA 硬盘做数据盘。当主板芯片组是 Z97 的时候，在启用南桥支持的 RAID 卡时，可以将 ESXi 安装在 SATA 硬盘中（不用配 RAID，因为 ESXi 不支持 Intel 集成的"软" RAID，而是绕过 RAID 直接识别成 SATA 硬盘）。

（3）在 VMware Workstation 虚拟机上测试。初学者可能一时找不到服务器安装 VMware ESXi，可以借助 VMware Workstation 或 Oracle 的 Virtual Box，在 VMware Workstation 的虚拟机上学习 VMware ESXi 的使用。

要想在虚拟机中学习测试 VMware ESXi，需要主机是 64 位 CPU，并且 CPU 支持硬件辅助虚拟化，至少有 4～8GB 的内存。如果要做 FT（容错）实验，则要求主机至少有 16GB 的内存。

任务分析

在本任务中，我们将在 VMware Workstation 中安装 VMware ESXi 7.0，任务拓扑设计如图 2.1.1 所示。在实验环境中，ESXi 虚拟机使用的网络类型是 NAT，对应的 VMnet8 虚拟网络的网络地址为 192.168.11.0/24，ESXi 主机的 IP 地址为 192.168.11.88，本机（运行 VMware Workstation 的宿主机）安装 VMware vSphere Client，IP 地址为 192.168.11.1。

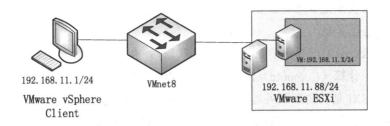

图 2.1.1　安装 ESXi 服务器实验拓扑

由于 VMware ESXi 7.0 需要至少 4GB 的内存，所以建议至少提供 8GB 的内存，以便能够在典型生产环境下运行虚拟机。如果内存配置过低，在 vSphere 环境中将有很多功能不能使用，因此建议 VMware ESXi 7.0 主机内存在 12GB 以上。如果计算机内存较小，建议安装低版本的系统，如 VMware vSphere 的 5.x 版，VMware ESXi 5.1 要求主机的内存至少为 2GB。

相关知识

VMware vSphere 7.0 是 VMware 公司的企业级虚拟化解决方案，图 2.1.2 所示为 VMware vSphere 虚拟化架构的构成，下面将对 VMware vSphere 虚拟化架构进行介绍。

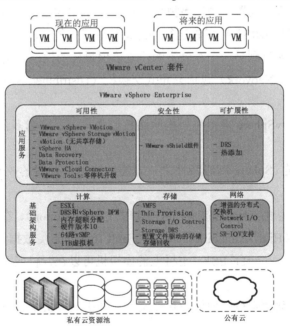

图 2.1.2　VMware vSphere 虚拟化架构的构成

（1）私有云资源池。私有云资源池由服务器、存储设备、网络设备等硬件资源组成，通过 vSphere 进行管理。

（2）公有云。公有云是私有云的延伸，可以对外提供云计算服务。

（3）计算。计算（Compute）包括 ESXi、DRS 和虚拟机等。

VMware ESXi 是在物理服务器上安装的虚拟化管理程序，用于管理底层硬件资源。安装 ESXi 的物理服务器称为 ESXi 主机，ESXi 主机是虚拟化架构的基础和核心，ESXi 可以在一台物理服务器上运行多个操作系统。

DRS（分布式资源调度）是 vSphere 的高级特性之一，能够动态调配虚拟机运行的 ESXi 主机，充分利用物理服务器的硬件资源。

虚拟机在 ESXi 上运行，每个虚拟机运行独立的操作系统。虚拟机对于用户来说就像一台物理机，同样具有 CPU、内存、硬盘、网卡等硬件资源。虚拟机安装操作系统和应用程序后与物理服务器提供的服务完全一样。VMware vSphere 7.0 支持的最高虚拟机版本为 12，支持为一台虚拟机配置最多 64 个 vCPU 和 1TB 内存。

（4）存储。存储（Storage）包括 VMFS、Thin Provision 和 Storage DRS 等。

VMFS（虚拟机文件系统）是 vSphere 用于管理所有块存储的文件系统，是跨越多个物理服务器实现虚拟化的基础。

Thin Provision（精简配置）是对虚拟机硬盘文件 VMDK 进行动态调配的技术。

Storage DRS（存储 DRS）可以将运行的虚拟机进行智能部署，并在必要的时候将工作负载从一个存储资源转移到另一个存储资源，以确保最佳的性能，避免 I/O 瓶颈。

（5）网络。网络（Network）包括分布式交换机（Distributed Switch）和网络读写控制（Network I/O Control）。

分布式交换机是 vSphere 虚拟化架构网络核心之一，是跨越多台 ESXi 主机的虚拟交换机。

网络读写控制是 vSphere 高级特性之一，通过对网络读写的控制使网络达到更好的性能。

（6）可用性。可用性（Availability）包括实时迁移（vMotion）、存储实时迁移（Storage vMotion）、高可用性（High Availability）、容错（Fault Tolerance）、数据恢复（Data Recovery）。

实时迁移是让运行在一台 ESXi 主机上的虚拟机可以在开机或关机状态下迁移到另一台 ESXi 主机上。

存储实时迁移是让虚拟机所使用的存储文件在开机或关机状态下迁移到另外的存储设备上。

高可用性是在 ESXi 主机出现故障的情况下，将虚拟机迁移到正常的 ESXi 主机上运行，尽量避免由于 ESXi 主机出现故障而导致服务中断。

容错是让虚拟机同时在两台 ESXi 主机上以主/从方式并发地运行，也就是所谓的虚拟机双机热备。当任意一台虚拟机出现故障时，另外一台虚拟机立即接替工作，用户感觉不到后台已经进行了故障切换。

数据恢复是通过合理的备份机制对虚拟机进行备份，以便故障发生时能够快速恢复。

（7）安全性。安全（Security）体现在 vShield Zones、VMsafe 两方面。vShield Zones 是一种安全性虚拟工具，可用于显示和实施网络活动。VMsafe 安全 API 使第三方安全厂商可以在管理程序内部保护虚拟机。

（8）可扩展性。可扩展性（Scalability）包括 DRS、热添加等。热添加能够使虚拟机在不关机的情况下增加 CPU、内存、硬盘等硬件资源。

（9）VMware vCenter 套件。VMware vCenter 提供基础架构中所有 ESXi 主机的集中化管理，vSphere 虚拟化架构的所有高级特性必须依靠 vCenter 才能实现。vCenter 需要数据库服务器的支持，如 SQL Server、Oracle 等。

（10）VMware vSphere 基本管理架构。VMware vSphere 虚拟化架构的核心组件是 VMware ESXi 和 VMware vCenter Server，其基本管理架构如图 2.1.3 所示。

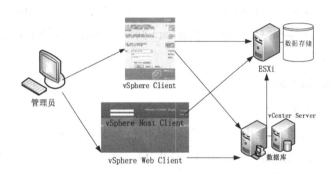

图 2.1.3　VMware vSphere 的基本管理架构

① vSphere Client：VMware vSphere Client 是一个在 Windows 操作系统上运行的应用程序，在 Linux 环境下无法运行，可以创建、管理和监控虚拟机，以及管理 ESXi 主机的配置。管理员可以通过 vSphere Client 直接连接到一台 ESXi 主机上进行管理，也可以通过 vSphere Client 连接到 vCenter Server，对多台 ESXi 主机进行集中化管理。在 vSphere 5.0 以后，VMware 在逐渐弱化 vSphere Client 的作用，现在很多高级功能（如增强型 vMotion）只能在 vSphere Web Client 里实现。VMware 的设计趋势是用 vSphere Web Client 取代 vSphere Client，vSphere 6.7 以后版本已经不再支持 vSphere Client 的管理。

② vSphere Web Client：vSphere Web Client 是 vCenter Server 的一个组件，可以通过浏览器管理 vSphere 虚拟化架构。vSphere Web Client 的 Web 界面是通过 Adobe Flex 开发的，客户端浏览器需要安装 Adobe Flash Player 插件。基于 Flash 的 vSphere Web Client 在 vSphere 6.7 中已弃用，取而代之的是 VMware Host Client。

③ VMware Host Client：VMware Host Client 是一款基于 HTML 5 的客户端，用于连接和管理单个 ESXi 主机。可以使用 VMware Host Client 在目标 ESXi 主机上执行管理和基本故障排除任务及高级管理任务。当 vCenter Server 不可用时，也可以使用 VMware Host Client 执行紧急管理。必须知道 VMware Host Client 与 vSphere Client 不同，这非常重要。使用 vSphere Client 可连接 vCenter Server 和管理多个 ESXi 主机，而使用 VMware Host

Client 仅可以管理单个 ESXi 主机。

④ 数据存储：ESXi 主机将虚拟机等文件存放在数据存储中，vSphere 的数据存储既可以是 ESXi 主机的本地存储，也可以是 FC SAN、iSCSI SAN 等网络存储。

（11）vSphere 虚拟化架构与云计算的关系。业界有一种说法，虚拟化是云计算的基础，那么未使用虚拟化架构的传统数据中心是否能够使用云计算呢？答案是可以的。只是如果不使用虚拟化，运营成本的降低、资源的有效利用、良好的扩展性等均不能得以体现。VMware vCloud Director 可以方便、快捷地将 vSphere 融入云计算。

 任务实施

第 1 步：准备 ESXi 主机硬件。

与传统操作系统（如 Windows 和 Linux）相比，ESXi 有更严格的硬件限制。ESXi 不一定支持所有的存储控制器和网卡，使用 VMware 网站上的兼容性指南可以检查服务器是否可以安装 VMware ESXi。

1. 查询安装 VMware ESXi 7.0 的硬件要求

VMware ESXi 7.0 的硬件要求如下：

（1）ESXi 7.0 要求主机至少具有两个 CPU 内核，要支持 64 位虚拟机，x64 CPU 必须能够支持硬件虚拟化（Intel VT-x 或 AMD RVI）。

（2）ESXi 7.0 支持广泛的多核 64 位 x86 处理器。

（3）ESXi 7.0 需要在 BIOS 中针对 CPU 启用 NX/XD 位。

（4）ESXi 7.0 需要至少 4 GB 内存，建议至少使用 8 GB 内存，以便能够在典型生产环境中运行虚拟机。

（5）一个或多个千兆或更快的以太网控制器。

（6）ESXi 7.0 要求 USB 或 SD 设备的引导磁盘至少为 8 GB，其他设备类型（如 HDD、SSD 或 NVMe）的引导磁盘至少为 32 GB。引导设备不得在 ESXi 主机之间共享。

（7）SCSI 磁盘或包含未分区空间用于虚拟机的本地（非网络）RAID LUN。

（8）对于串行 ATA (SATA)，有一个通过支持的 SAS 控制器或支持的板载 SATA 控制器连接的磁盘。SATA 磁盘被视为远程、非本地磁盘。在默认情况下，这些磁盘用于暂存分区，因为它们被视为远程磁盘。

2. 为 VMware ESXi 主机安装多块网卡

对于运行 VMware ESXi 的服务器主机，通常建议安装多块网卡，以支持 8～10 个网络接口，原因如下：

（1）ESXi 管理网络至少需要 1 个网络接口，推荐增加 1 个冗余网络接口。在后面的项目中，如果没有为 ESXi 主机的管理网络提供冗余网络连接，一些 vSphere 高级特性（如 vSphere HA）会给出警告信息。

（2）至少要用 2 个网络接口处理虚拟机本身的流量，推荐使用 1Gbit/s 以上速度的链路传输虚拟机流量。

（3）在使用 iSCSI 的部署环境中，至少需要增加 1 个网络接口，最好是 2 个。必须为 iSCSI 流量配置 1Gbit/s 或 10Gbit/s 的以太网，否则会影响虚拟机和 ESXi 主机的性能。

（4）vSphere vMotion 需要使用 1 个网络接口，同样推荐增加 1 个冗余网络接口，这些网络接口至少应该使用 1Gbit/s 的以太网。

（5）如果使用 vSphere FT 特性，那么至少需要 1 个网络接口，同样推荐增加 1 个冗余网络接口，这些网络接口的速度应为 1Gbit/s 或 10Gbit/s。

3. 开启 BIOS 中的虚拟化功能

如果在物理服务器上安装 VMware ESXi，需要确保服务器硬件型号能够兼容安装的 VMware ESXi 版本，并在 BIOS 中执行以下设置。

（1）如果处理器支持 Hyper-threading，应设置为启用 Hyper-threading。

（2）在 BIOS 中设置启用所有的 CPU Socket，以及所有 Socket 中的 CPU 核心。

（3）在 BIOS 中将 CPU 的 NX/XD 标志设置为 Enabled。

（4）如果 CPU 支持 Turbo Boost，应设置为启用 Turbo Boost，将选项 Intel Speed Steptech、Intel Turbo Modetech 和 Intel C-STAT Etech 设置为 Enabled。

（5）在 BIOS 中打开硬件增强虚拟化的相关属性，如 Intel VT-x、AMD-V、EPT、RVI 等。

第 2 步：创建 VMware ESXi 虚拟机。

虚拟机（Virtual Machine）指通过软件模拟的具有完整硬件系统功能的、运行在一个完全隔离环境中的完整计算机系统。

虚拟机系统通过现有操作系统生成全新的虚拟镜像，它具有与真实 Windows 系统完全一样的功能，进入虚拟系统后，所有操作都是在这个全新的独立虚拟系统中进行的，可以独立安装运行软件，保存数据，拥有独立的桌面，不会对真正的系统产生任何影响，而且能够在现有系统与虚拟镜像之间灵活切换。

下面将在 VMware Workstation 中创建运行 VMware ESXi 的虚拟机。

首先在 VMware Workstation 16.1 中创建新的虚拟机，选择"自定义"配置，在"选择虚拟机硬件兼容性"对话框，使用默认的最高版本，在"选择客户机操作系统安装来源"对话框，选择"安装程序光盘映像文件(iso)"，浏览找到 VMware ESXi 7.0 的安装光盘 ISO 映像文件，在"给新建的虚拟机命名，并选择虚拟机的存放位置"对话框，设置虚拟机名称，并选择存放位置。需要注意的是，虚拟机名称及存放路径避免使用中文。

在"处理器配置"对话框，配置处理器数量为 2 个，每个处理器的内核数量为 2 个，如图 2.1.4 所示，VMware ESXi 7.0 至少需要 2 个处理器内核。

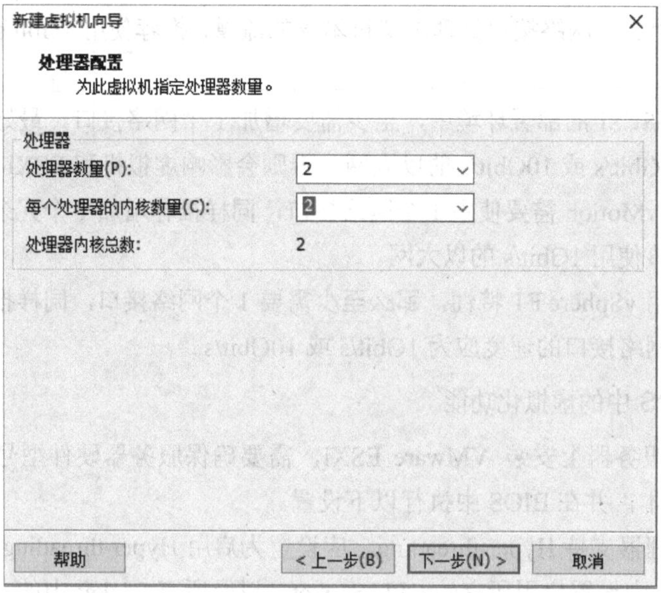

图 2.1.4　处理器配置

在"此虚拟机的内存"对话框配置虚拟机内存为 4GB，如图 2.1.5 所示，VMware ESXi
7.0 至少需要 4GB 内存。

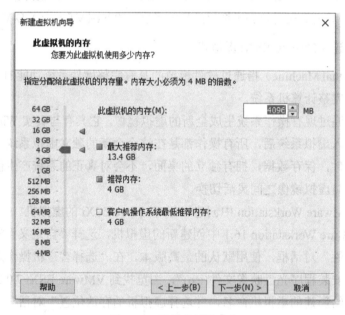

图 2.1.5　配置虚拟机内存

接下来的配置根据实际情况默认单击"下一步"按钮即可。在"选择磁盘"向导页面，
选择"创建新虚拟磁盘"选项，并将虚拟机的磁盘大小设置为至少 40GB（在此设置为
500GB），因为在没有外接存储系统的时候，需要在 ESXi 本地存储中存放虚拟机系统文件，
并选择"把虚拟磁盘拆分成多个文件"选项，便于移动。

最后完成创建 VMware ESXi 7.0 虚拟机，如图 2.1.6 所示。

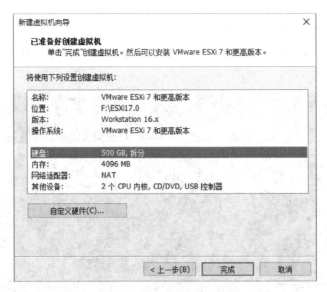

图 2.1.6　完成创建虚拟机

单击"完成"按钮，完成 VMware ESXi 虚拟机的创建。

第 3 步：安装 VMware ESXi 系统。

如果在物理服务器上安装 VMware ESXi，则需要确保服务器硬件型号能够兼容安装的 VMware ESXi 版本，下面将在上面创建的虚拟机中安装 VMware ESXi 7.0 系统。

1. 装入 VMware ESXi 7.0 的安装光盘

开启虚拟机之前，需要先将 VMware ESXi 7.0 的安装光盘装入光驱，装入 VMware ESXi 7.0 的安装光盘如图 2.1.7 所示。

图 2.1.7　装入 VMware ESXi 7.0 的安装光盘

2. 启动 VMware ESXi 虚拟机

启动 VMware ESXi 虚拟机，在启动菜单处按 Enter 键，进入 VMware ESXi 7.0 的安装程序，如图 2.1.8 所示。

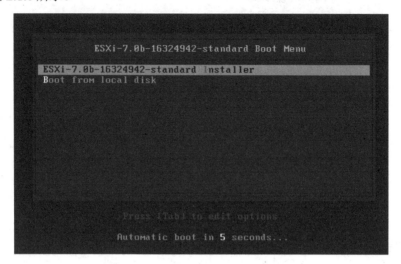

图 2.1.8　VMware ESXi 7.0 的启动菜单

3. 开始安装 VMware ESXi 7.0

系统首先加载安装文件，接着加载 VMkernel 文件。经过较长时间的系统加载过程，加载文件完成，出现安装界面，如图 2.1.9 所示。按 Enter 键开始安装 VMware ESXi 7.0。

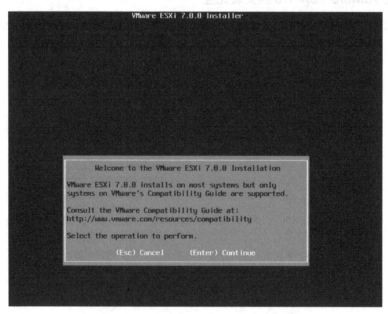

图 2.1.9　开始安装 VMware ESXi 7.0

4. 接受授权协议

系统出现"End User License Agreement（EULA）"界面，如图 2.1.10 所示，也就是最

终用户许可协议，按 F11 键接受授权协议。

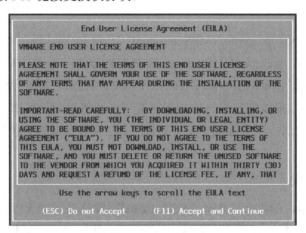

图 2.1.10　接受授权协议

5. 选择安装的硬盘

系统提示选择安装 VMware ESXi 使用的存储，ESXi 支持 U 盘及 SD 卡安装。VMware ESXi 检测到本地的硬盘，如图 2.1.11 所示。按 Enter 键选择在这块硬盘中安装 ESXi。

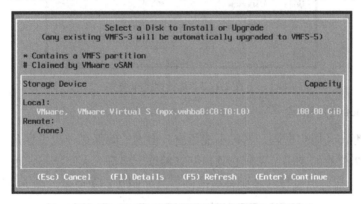

图 2.1.11　选择安装 ESXi 的设备

如果计算机上安装过 ESXi，或者有以前的 ESXi 版本，则弹出"ESXi and VMFS Found"界面，如图 2.1.12 所示。

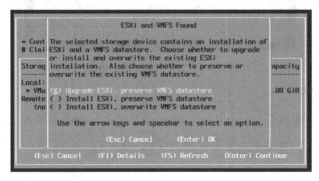

图 2.1.12　找到 ESXi 及 VMFS 数据存储

在图 2.1.12 所示界面，提示找到一个 ESXi 与 VMFS 数据存储，用户可以做以下三种选择。

（1）Upgrade ESXi，preserve VMFS datastore（升级 ESXi，保留 VMFS 数据存储）。

（2）Install ESXi，preserve VMFS datastore（安装 ESXi，保留 VMFS 数据存储）。

（3）Install ESXi，overwrite VMFS datastore（安装 ESXi，覆盖 VMFS 数据存储）。

根据实际情况，如果以前安装的是 ESXi 5.X 或 6.X 等以前的版本，则可以选择第 1 项；如果要安装全新的 ESXi，并保留数据库，则选择第 2 项；如果这台机器是实验环境，则可以选择第 3 项。

6. 选择键盘布局

如图 2.1.13 所示，键盘布局选择"US Default"，默认采用美国标准，按 Enter 键继续。

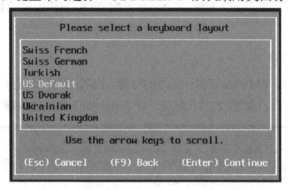

图 2.1.13　选择键盘布局

7. 设置 root 用户密码

输入主机的 root 用户密码。密码不能留空，但为了确保第一次引导系统时的安全性，请输入不小于 7 位数的密码。密码必须包括三种以上字符（大写字母、小写字母、数字、特殊字符），安装后可以直接在控制台更改密码，如图 2.1.14 所示，按 Enter 键继续。

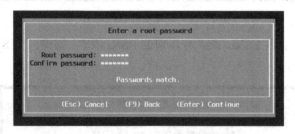

图 2.1.14　输入 root 用户密码

8. 开始正式安装

选择的硬盘将被重新分区，如图 2.1.15 所示，按 F11 键确认安装 VMware ESXi，并显示安装进度，如图 2.1.16 所示。如果使用 INTEL XEON 56XX CPU，则会出现一些特性不支持警告提示。

图 2.1.15　确认安装 VMware ESXi

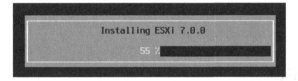

图 2.1.16　安装进度

9. 完成 VMware ESXi 安装

安装的时间取决于服务器的性能，等待一段时间即可完成 VMware ESXi 7.0 的安装，如图 2.1.17 所示，按 Enter 键重启服务器。

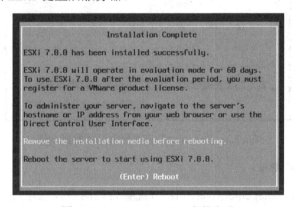

图 2.1.17　VMware ESXi 安装完成

至此，VMware ESXi 安装完成，本任务结束。

 ## 任务 2.2　配置 ESXi 系统的管理 IP 地址

扫一扫，看微课

VMware ESXi 7.0 的控制台更精简、高效、方便，管理员可以直接在 VMware ESXi 7.0 控制台界面中完成管理员密码的修改、控制台管理地址的设置与修改、VMware ESXi 7.0 控制台的相关操作。

 任务分析

在 VMware ESXi 7.0 中，按 F2 键进入控制台。服务器配置完成后，对外提供服务基本采用远程的方式操作，所以安装好 ESXi 系统后，第一件事情就是为 ESXi 主机配置一个管理 IP 地址，用于管理 ESXi 主机。

任务实施

第 1 步：登录系统。

服务器重启完成后，进入 VMware ESXi 7.0 主界面，按 F2 键出现如图 2.2.1 所示对话框。输入 root 用户密码（在安装 VMware ESXi 7.0 时设置的密码），进入主机配置模式。登录系统后进行初始配置。

图 2.2.1　输入 root 用户密码并开始配置 ESXi

第 2 步：配置 IP 地址。

选择 "Configure Management Network"（配置管理网络），如图 2.2.2 所示，按 Enter 键进入网络配置管理界面。

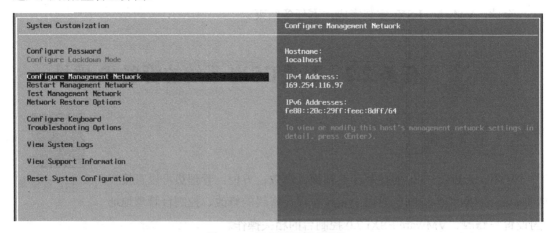

图 2.2.2　选择配置管理网络

选择"IPv4 Configuration"对 IP 进行配置，如图 2.2.3 所示，按 Enter 键开始配置 IP 地址。

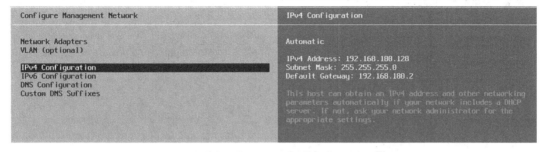

图 2.2.3 选择 IP 配置

按空格键选中"Set static IPv4 address and network configuration"（设置静态 IP 地址和网络配置），配置口地址为 192.168.11.88，子网掩码为 255.255.255.0，默认网关为 192.168.11.254，如图 2.2.4 所示，按 Enter 键确认 IP 地址配置。

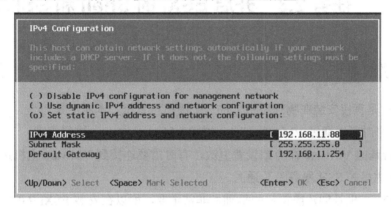

图 2.2.4 配置 IP 地址

第 3 步：保存配置。

按 Esc 键返回主配置界面，按 Y 键确认管理网络配置，如图 2.2.5 所示。

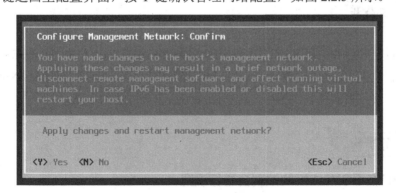

图 2.2.5 确认管理网络配置

按 Esc 键返回主界面，可以看到管理 VMware ESXi 的 IP 地址，如图 2.2.6 所示。

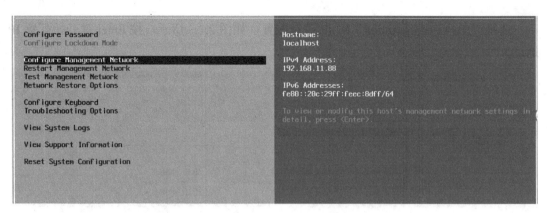

图 2.2.6 查看管理 VMware ESXi 的 IP 地址

至此，已经配置好 VMware ESXi 系统的管理 IP 地址，本任务结束。

任务 2.3 开启 ESXi 的 Shell 和 SSH 功能

 任务说明

ESXi 7.0 是直接安装在物理主机上的一个虚拟机系统，本质上是一个
扫一扫，看微课
Linux 系统。平时可以通过 VMware Client 端或 VMware vCenter 进行管理，
但对于一些特殊的 VMware 命令或设置更改，有时需要连接到 VMware 主机进行操作，这
就需要 ESXi 主机的 SSH 服务是开通的。

由于 ESXi 主机是创建虚拟机的基础，非常重要，所以在安装 ESXi 7.0 后，默认 SSH
服务是关闭的。一旦开启 SSH 服务，在 vCenter 中就会出现 SSH 服务已开启的警告，以说
明目前 ESXi 主机处于一个相对有安全风险的状态。

 任务分析

一般来说，开启和关闭 ESXi 7.0 的 SSH 服务有三种方法。方法一是在 ESXi 主机的控
制台进行设置；方法二是通过 VMware Client 开启 SSH 服务；方法三是通过 vSphere vCenter
进行设置。在接下来的任务实施中，将详细介绍这三种方法的步骤。

任务实施

方法一：在 ESXi 主机的控制台进行设置。

第 1 步：登录系统。

VMware ESXi 启动完成后，在主界面按 F2 键，如图 2.3.1 所示。输入安装 VMware

ESXi 时配置的 root 用户密码，登录系统后进行初始配置。

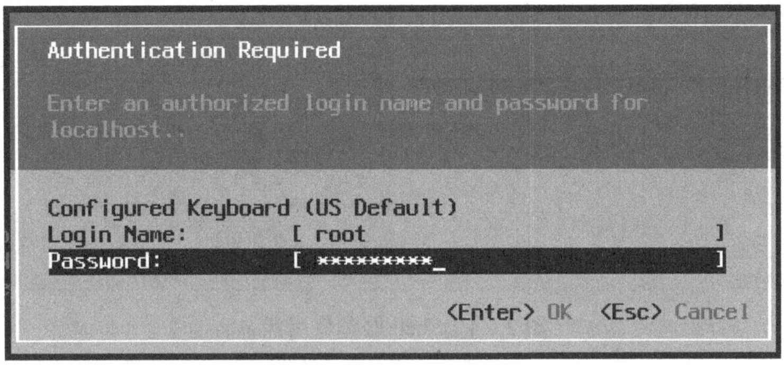

图 2.3.1　输入 root 用户密码并开始配置 ESXi

第 2 步：开启 Shell 功能。

选择并确认"Troubleshooting Options"（故障排除选项），如图 2.3.2 所示。

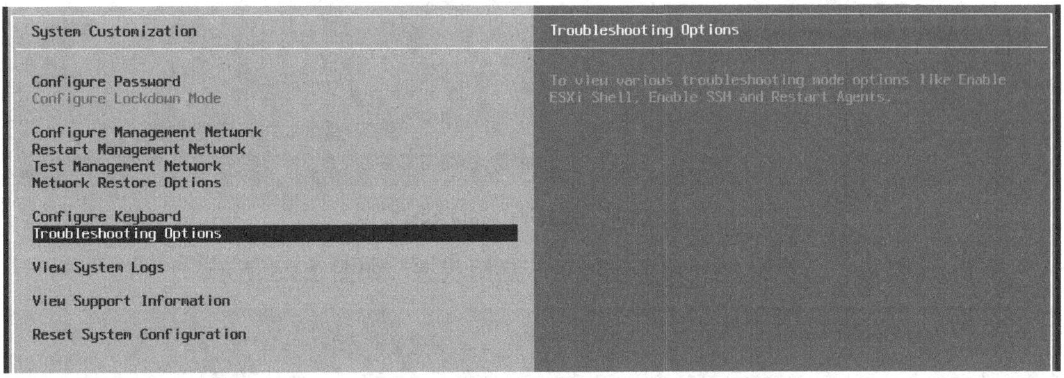

图 2.3.2　选择并确认"Troubleshooting Options"

在 VMware ESXi 7.0 主机上选择"Enable ESXi Shell"激活 Shell 服务，如图 2.3.3 所示。

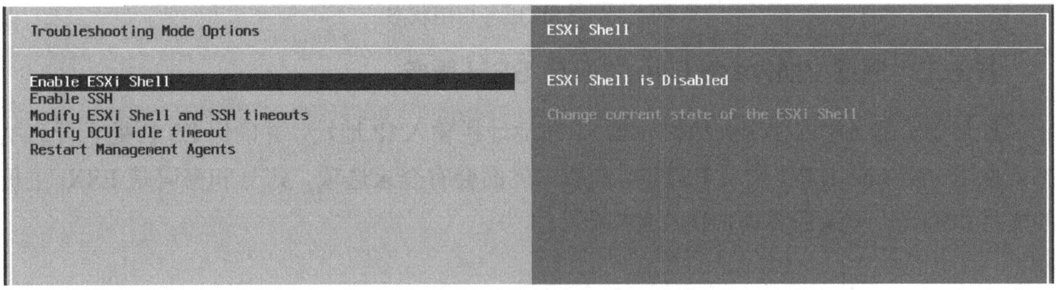

图 2.3.3　选择"Enable ESXi Shell"

按 Enter 键后，会看到 Shell 服务处于启用状态，如图 2.3.4 所示。

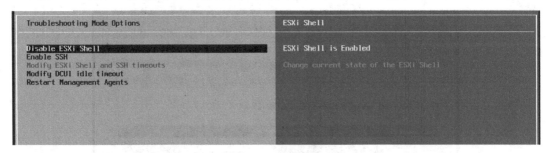

图 2.3.4　Shell 服务启用状态

第 3 步：开启 SSH 功能。

在 VMware ESXi 主机上选择"Enable SSH"激活 SSH 服务，如图 2.3.5 所示。

图 2.3.5　选择"Enable SSH"

按 Enter 键后，会看到 SSH 服务已经处于启用状态，如图 2.3.6 所示。

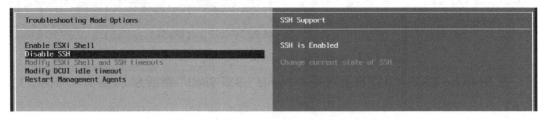

图 2.3.6　SSH 服务启用状态

方法二：通过 VMware Client 开启 SSH 服务。

打开浏览器（建议使用火狐浏览器），在地址栏输入 IP 地址，并确保 ESXi 处于开启状态。使用 VMware ESXi 登录 ESXi 主机后，界面会有登录选项，账号和密码是 ESXi 主机的账号和密码，登录后界面如图 2.3.7 所示。

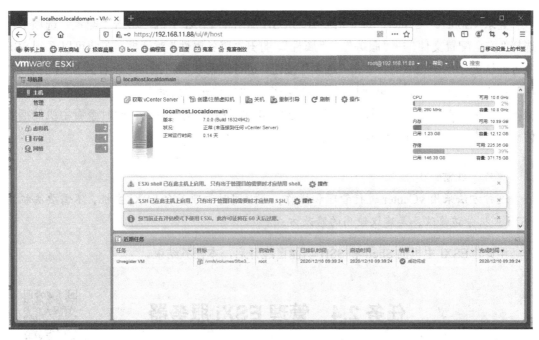

图 2.3.7 主机配置界面

执行"操作"→"服务"→"启用安全 Shell（SSH）"命令，如图 2.3.8 所示。

图 2.3.8 启用安全 Shell（SSH）

 注意：

通过 VMware ESXi 管理 ESXi 主机，一次只能管理一台，如果只有一台 ESXi 主机需要修改，使用这种方法还可以；如果有多台 ESXi 主机需要修改，则使用 VMware vCenter 管理的方法比较好。

方法三：通过 vSphere vCenter 进行设置。

通过 vSphere vCenter 进行 SSH 配置，与使用 VMware Client 进行 SSH 配置的步骤几乎一样，只是两者的登录方式和 ESXi 主机管理数量不同。步骤如下：

　　登录 vSphere vCenter，选择需要开启 SSH 服务的 ESXi 主机，单击"配置"选项卡，选择"安全配置文件"→"服务"→"属性"，打开"服务属性"对话框，在此可以看到 SSH 服务默认处于已停止状态，单击"选项"按钮，进行进程状态更改，可以看到 SSH 的状态、启动策略、服务命令，这里保持其他设置不变，直接单击"启动"按钮，启动 SSH 服务。服务启动后，单击"确定"按钮，可以看到 SSH 服务处于运行状态。此时查看主机的摘要信息，会有 SSH 服务已经开启的提示。

注意：

　　这种方法采用 vCenter 进行管理和操作，可以同时管理多台 ESXi 主机，不需要去机房 ESXi 主机旁边修改，是建议使用的修改方式。

　　至此，ESXi 主机的 Shell 和 SSH 功能已经开启，本任务结束。

任务 2.4　管理 ESXi 服务器

扫一扫，看微课

任务说明

　　安装好 VMware ESXi 7.0 主机系统，并配置好基本 IP 地址后，即可通过 VMware vSphere Host Client 管理这台主机。

任务分析

　　实验环境如图 2.1.1 所示，通过与 VMware ESXi 7.0 主机系统联网的另一台主机用浏览器访问 VMware ESXi 7.0 主机系统的 IP 地址，登录到 VMware ESXi 7.0 主机系统，创建虚拟机，为虚拟机安装操作系统和 VMware Tools，并创建快照，配置虚拟机跟随 ESXi 主机自动启动。

任务实施

第 1 步：登录 VMware Client 管理 ESXi 主机。

　　先在地址栏输入 VMware ESXi 7.0 服务器的 IP 地址（192.168.11.88），再输入 VMware ESXi 7.0 服务器的账号和密码，如图 2.4.1 所示。

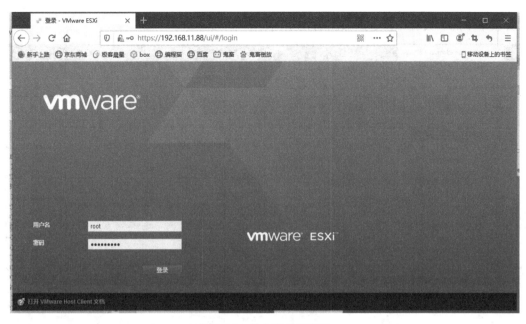

图 2.4.1　输入账号和密码

第 2 步：查看 ESXi 主机的摘要信息。

在 VMware ESXi 主机的左侧单击"主机"选项卡，可以查看 VMware ESXi 主机的摘要信息，在"常规"栏可以查看主机制造商、型号、处理器、许可证、vSphere 基本配置等信息，如图 2.4.2 所示。

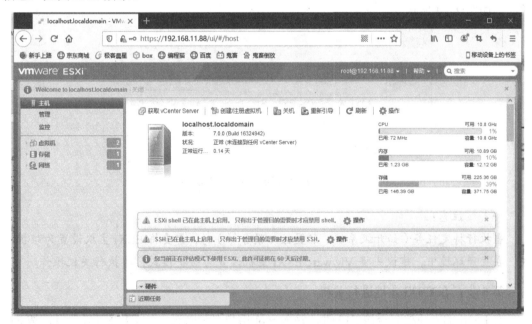

图 2.4.2　ESXi 主机摘要信息

第 3 步：关闭 ESXi 主机。

当需要关闭 VMware ESXi 主机时，可以在 VMware Host Client 中单击"主机"，右键

选择菜单中的"关机"命令，如图 2.4.3 所示。

图 2.4.3　关闭 ESXi 主机

第 4 步：确认关闭 ESXi 主机。

当单击"关机"命令时，系统提示 ESXi 主机未处于维护模式，单击"关机"按钮确认关闭，如图 2.4.4 所示。

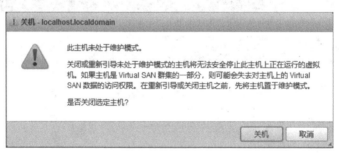

图 2.4.4　确认关闭 ESXi 主机

　注意：

当执行特定任务（如升级系统、配置核心服务等）时，需要将 ESXi 主机设置为维护模式。在生产环境中，建议先将 VMware ESXi 主机设置为维护模式，再执行关机操作。

第 5 步：在 ESXi 本地进行关机。

在 ESXi 的本地控制台按 F12 键，输入 root 用户名和密码，按 F2 键可以关机，按 F11 键可以重启，如图 2.4.5 所示。

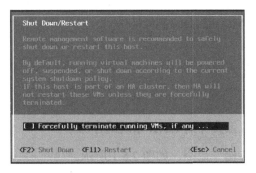

图 2.4.5　在 ESXi 控制台关机

至此，本任务结束。

任务 2.5　在 VMware ESXi 中创建虚拟机

 **任务说明**

在 VMware Client 控制台中创建虚拟机与在 VMware Workstation 中创建虚拟机类似，主要步骤通过单击鼠标即能实现。

扫一扫，看微课

 **任务分析**

在 VMware ESXi 中创建虚拟机之前，建议将操作系统安装光盘的 ISO 映像文件上传到存储器中，方便调用。

相关知识

虚拟机是一个可在其上运行受支持的客户操作系统和应用程序的虚拟硬件集，由一组离散的文件组成。虚拟机包括虚拟硬件和客户操作系统两大部分：虚拟硬件由虚拟 CPU（vCPU）、内存、虚拟磁盘、虚拟网卡等组件组成；客户操作系统是安装在虚拟机上的操作系统。虚拟机封装在一系列文件中，这些文件包含虚拟机中运行的所有硬件和软件的状态。

在默认情况下，VMware ESXi 为虚拟机提供以下通用硬件：

（1）Phoenix BIOS；

（2）Intel 主板；

（3）Intel PCI IDE 控制器；

（4）IDE CD-ROM 驱动器；

（5）Bus Logic 并行 SCSI、LSI 逻辑并行 SCSI 或 LSI 逻辑串行 SAS 控制器；

（6）Intel 或 AMD 的 CPU（与物理硬件对应）；

（7）Intel E1000 或 AMD PC Net 32 网卡；

（8）标准 VGA 显卡。

 **任务实施**

第 1 步：上传 ISO 镜像文件到 ESXi 系统的存储中。

① 右击"浏览数据存储"命令，如图 2.5.1 所示。

图 2.5.1　右击"浏览数据存储"命令

② **创建文件夹**，单击工具栏中的"创建目录"按钮，在弹出的对话框中输入文件夹名称"yhy-ISO"，如图 2.5.2 所示。

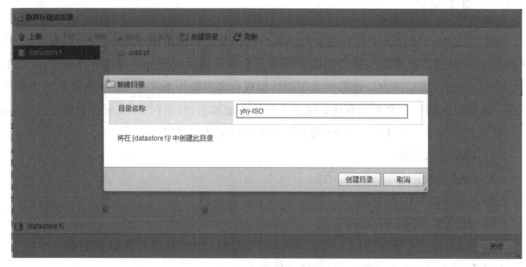

图 2.5.2　创建目录

③ **准备上传文件**，进入 yhy-ISO 目录，单击工具栏中的"上载"按钮，将文件上传至选定数据存储，如图 2.5.3 所示。

图 2.5.3　上载文件

④ **选择上传文件**，浏览并找到 CentOS-7-x86_64 的安装光盘 ISO 文件，如图 2.5.4 所示。

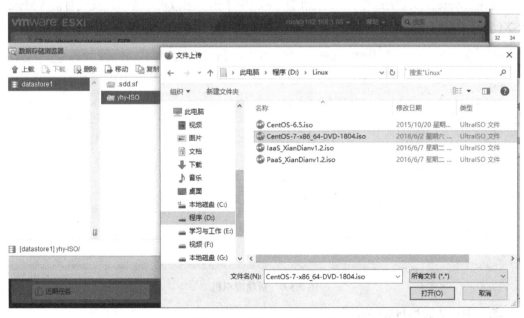

图 2.5.4　选择 ISO 镜像文件

⑤ 等待文件上传完成，如图 2.5.5 所示。

图 2.5.5　正在上传

至此，安装光盘 ISO 镜像文件已上传到 ESXi 存储器中。

第 2 步：新建虚拟机。

在 VMware Host Client 中，在左侧的菜单栏中单击"虚拟机"选项，发现目前 VMware ESXi 主机中没有虚拟机，单击"创建/注册虚拟机"创建新的虚拟机，如图 2.5.6 所示。

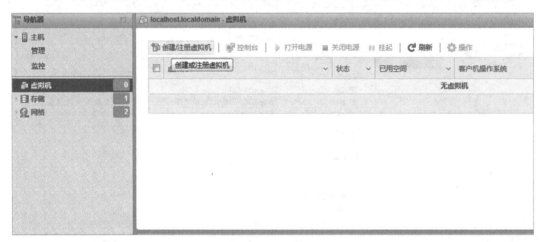

图 2.5.6　新建虚拟机

第 3 步：为虚拟机选择配置。

选择自定义配置，如图 2.5.7 所示。

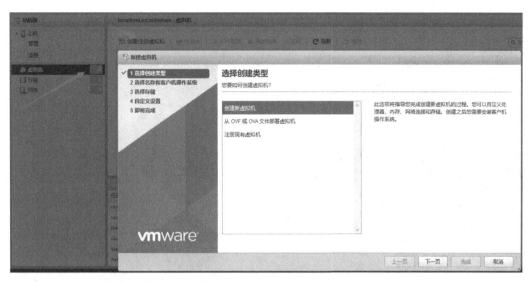

图 2.5.7　自定义配置

第 4 步：设置虚拟机名称。

输入虚拟机名称，这里将在虚拟机中安装 CentOS 7 操作系统，"兼容性"选择"ESXi 7.0 U1 虚拟机"，"客户机操作系统系列"选择"Linux"，"客户机操作系统版本"选择"CentOS 7（64）位"，如图 2.5.8 所示。

图 2.5.8　输入虚拟机名称

第 5 步：选择虚拟机的存储位置。

这里将虚拟机存储在 ESXi 主机的内置存储 datastore1 中，如图 2.5.9 所示。

图 2.5.9 选择存储

第 6 步：为虚拟机配置 CPU、内存与硬盘大小。

这里为虚拟机配置 2 个 CPU，每个 CPU 的内核数为 1 个，并为虚拟机配置 2GB 内存，硬盘大小默认为 16GB，如图 2.5.10 所示。

图 2.5.10 配置 CPU、内存与硬盘大小

第 7 步：配置网络连接类型。

为虚拟机配置将要连接到的虚拟网络及虚拟机的网卡类型。VMware ESXi 默认创建一个名称为 VM Network 的虚拟机端口组，该端口组连接 ESXi 主机的第一个虚拟交换机，进而连接 ESXi 主机的物理网卡。对于 64 位操作系统，虚拟机的网卡可以自主选择，如

图 2.5.11 所示。

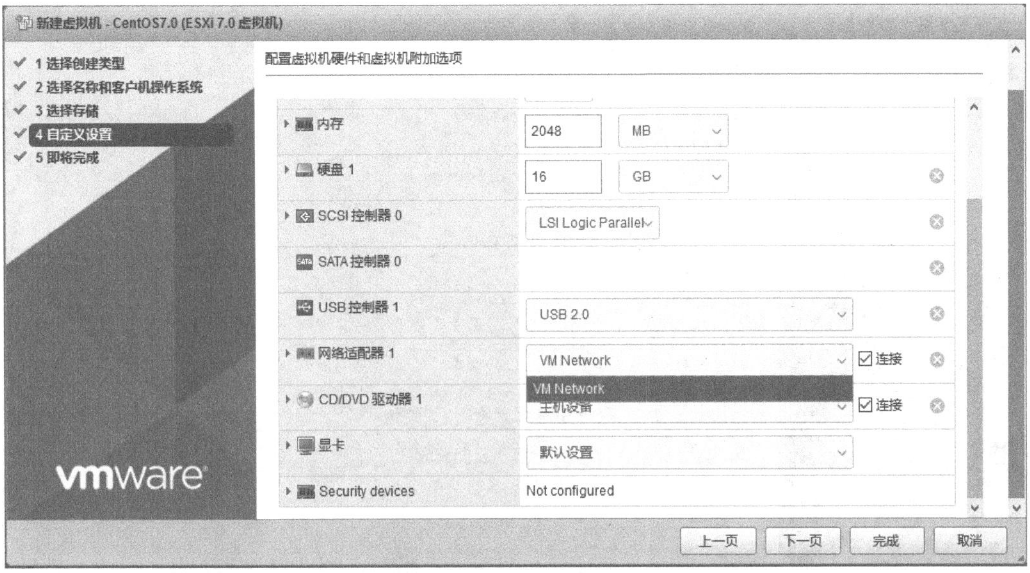

图 2.5.11 配置虚拟机网络

第 8 步：选择 SCSI 控制器的型号。

这里选择默认的"LSI Logic Parallel"，如图 2.5.12 所示。

图 2.5.12 选择 SCSI 控制器型号

第 9 步：完成前检查虚拟机配置。

选中"完成前编辑虚拟机设置"更改虚拟机的配置，如图 2.5.13 所示。

图 2.5.13　完成前编辑虚拟机设置

创建完成后如图 2.5.14 所示。

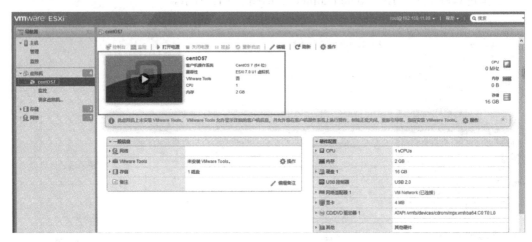

图 2.5.14　虚拟机创建完成结果图

第 10 步：修改虚拟机设置。

也可以在创建好虚拟机后，选中虚拟机，右击，在弹出的快捷菜单中选择"编辑设置"命令，或者直接单击上方的"编辑"按钮，修改虚拟机设置，如图 2.5.15 所示。

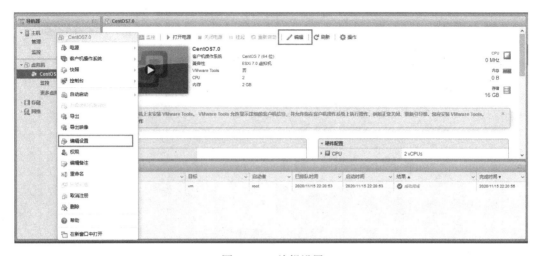

图 2.5.15　编辑设置

第 11 步：设置虚拟机属性，将 ISO 镜像光盘放入虚拟光驱。

选中 "CD/DVD 驱动器 1"，在右边的 "设备类型" 中选择 "数据存储 ISO 文件" 选项，如图 2.5.16 所示。

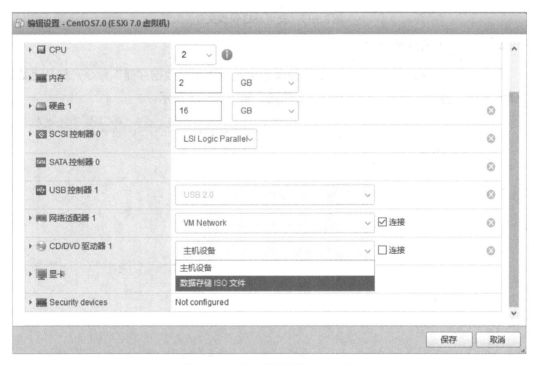

图 2.5.16　选取数据存储 ISO 文件

单击 "浏览…" 按钮，浏览 ESXi 主机内置存储 datastore1 的 yhy-ISO 目录，选择 CentOS 7 的安装光盘 ISO 文件，如图 2.5.17 所示。

图 2.5.17 使用 ISO 镜像文件

第 12 步：查看虚拟机文件。

右击存储器 datastore1，在弹出的快捷菜单中选择"浏览数据存储"命令，打开"数据存储浏览器"界面，选择"centOS 7"文件夹，如图 2.5.18 所示。

图 2.5.18 数据存储浏览器

组成虚拟机的文件主要包括以下几种。

（1）配置文件（虚拟机名称.vmx）。虚拟机配置文件是一个纯文本文件，包含虚拟机的所有配置信息和参数，如 vCPU 个数、内存大小、硬盘大小、网卡信息和 MAC 地址等。

（2）磁盘描述文件（虚拟机名称.vmdk）。虚拟磁盘描述文件是一个元数据文件，提供指向虚拟磁盘数据（.flat-vmdk）文件的链接。

（3）磁盘数据文件（虚拟机名称.flat-vmdk）。这是最重要的文件，虚拟磁盘数据文件是虚拟机的虚拟硬盘，包含虚拟机的操作系统、应用程序等。

（4）BIOS 文件（虚拟机名称.nvram）。BIOS 文件包含虚拟机 BIOS 的状态。

（5）交换文件（虚拟机名称.vswp）。内存交换文件在虚拟机启动的时候会自动创建，该文件作为虚拟机的内存交换。

（6）快照数据文件（虚拟机名称.vmsd）。快照数据文件是一个纯文本文件。为虚拟机创建快照时，会产生快照数据文件，用于描述快照的基本信息。

（7）快照状态文件（虚拟机名称.vmsn）。如果虚拟机的快照包含内存状态，就会产生快照状态文件。

（8）快照磁盘文件（虚拟机名称-delta.vmdk）。使用虚拟机快照时，原虚拟磁盘文件会保持原状态不变，同时产生快照磁盘文件，所有对虚拟机的后续硬盘操作都在快照磁盘文件上进行。

（9）日志文件（vmware.log）。虚拟机的日志文件用于跟踪虚拟机的活动。一个虚拟机包含多个日志文件，它们对诊断问题很有用。

至此，在 VMware ESXi 中创建虚拟机完成，本任务结束。

任务 2.6　安装 CentOS 7 系统

扫一扫，看微课

在上个任务中，我们已经创建好了一台虚拟机，并选择了安装操作系统的类型为 CentOS 7，但此虚拟机还没有操作系统，不能正常工作。本任务将介绍 CentOS 7 系统的安装方法。

任务分析

在 ESXi 的虚拟机中安装 Windows 操作系统及 Linux 操作系统的难度不大，将虚拟光盘放入虚拟光驱后启动虚拟机，再按照向导进行操作，一般不会出现问题。

第 1 步：打开虚拟机电源。

右击虚拟机"CentOS7.0"，在弹出的快捷菜单中选择"电源"→"打开电源"命令，如图 2.6.1 所示。

图 2.6.1　打开虚拟机电源

第 2 步：打开控制台。

右击虚拟机"CentOS7.0"，在图 2.6.2 所示的界面中选择"控制台"下的"打开浏览器控制台"命令，在虚拟机控制台内部单击可以进入虚拟机。

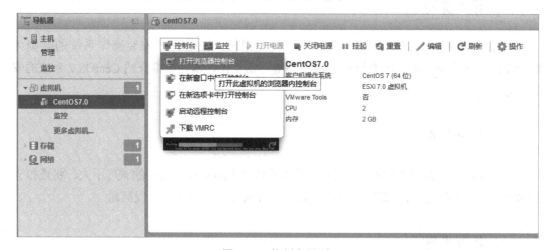

图 2.6.2　控制台界面

要使鼠标返回真实机，需要按"Ctrl+Alt"组合键，光盘启动的第一个界面如图 2.6.3所示。

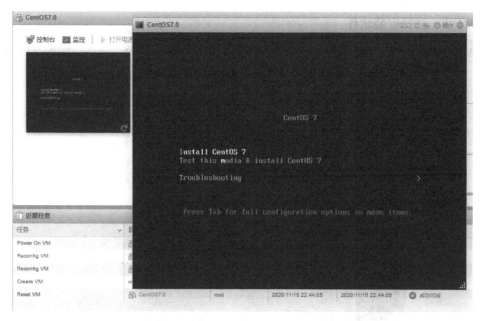

图 2.6.3　CentOS 7 安装启动界面

在图 2.6.3 所示界面中，"Test this media & install CentOS 7"和"Troubleshooting"的作用分别是"校验光盘完整性后再安装"及"启动救援模式"。此时先通过键盘上的方向键选择"Install CentOS Linux 7"选项安装 Linux 系统。然后一直按 Enter 键，如果不做任何操作，默认会在自动倒数结束后开始安装系统。

第 3 步：跳过光盘检测与选择安装语言。

按回车键后开始加载安装镜像，所需时间为 30～60 秒，选择系统的安装语言，如图 2.6.4 所示。

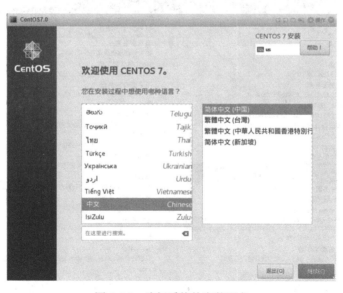

图 2.6.4　选择系统的安装语言

第 4 步：选择安装软件。

单击"继续"按钮，在"安装信息摘要"界面单击"软件选择"按钮，如图 2.6.5 所示。

图 2.6.5　"安装信息摘要"界面

CentOS 7 系统的软件定制界面可以根据用户的需求调整系统的基本环境，如把 Linux 系统用作基础服务器、文件服务器、Web 服务器或工作站等。

此时只需在界面中单击"软件选择"按钮，弹出如图 2.6.6 所示界面，先选中"带 GUI 的服务器"单选按钮，然后单击左上角的"完成"按钮即可。

图 2.6.6　选择系统软件类型

第 5 步：配置网络和主机名。

返回 CentOS 7 系统安装主界面，单击"网络和主机名"按钮后，将"主机名"字段设置为"linux-yhy.com"，如图 2.6.7 所示，单击左上角的"完成"按钮。

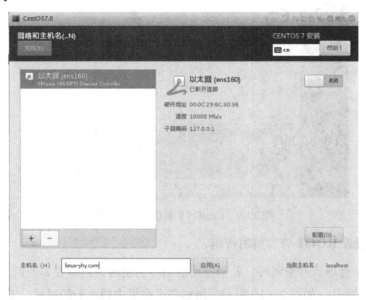

图 2.6.7　配置网络和主机名

第 6 步：选择系统安装媒介。

返回安装主界面，单击"安装位置"按钮，选择安装媒介并设置分区。此时不需要进行任何修改，如图 2.6.8 所示，单击左上角的"完成"按钮即可。

图 2.6.8　选择安装媒介

返回安装主界面，单击"开始安装"按钮后即可看到安装进度，在此处选择"ROOT 密码"，如图 2.6.9 所示。

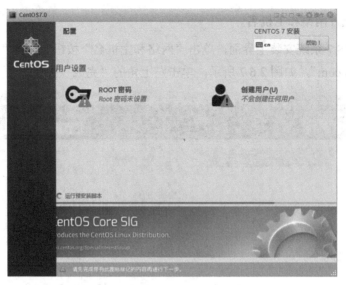

图 2.6.9　CentOS 7 系统的安装界面

第 7 步：设置 ROOT 管理员的密码。

设置 ROOT 管理员的密码时，若坚持用弱口令的密码，则需要单击两次左上角的"完成"按钮才可以确认，如图 2.6.10 所示。当你在虚拟机中做实验的时候，密码无所谓强弱；但在生产环境中，一定要让 ROOT 管理员的密码足够复杂，否则系统将面临严重的安全问题。

图 2.6.10　设置 ROOT 管理员的密码

　注意：

root 账户即 Linux 系统的超级管理员用户，相当于微软系统的 administrator 账户。

第 8 步：安装完成，重启系统。

Linux 系统的安装过程一般为 10～60 分钟（取决于服务器的硬件性能），在安装期间耐心等待即可。安装完成后显示如图 2.6.11 所示界面。单击"重启"按钮重启系统。

图 2.6.11　系统安装完成

第 9 步：初始化系统。

重启系统后将看到系统的初始化界面，单击 **"LICENSE INFORMATION"** 选项，如图 2.6.12 所示。

图 2.6.12　系统初始化界面

先选中"我同意许可协议"复选框，然后单击左上角的"完成"按钮，如图 2.6.13 所示。

图 2.6.13　同意许可协议

返回系统初始化界面后单击"完成配置"按钮，可以看到系统欢迎界面，如图 2.6.14 所示。在此界面中先选择默认语言"汉语"，然后单击"前进"按钮。

图 2.6.14　系统语言设置

将系统的输入方式选择为"汉语"，单击"前进"按钮，如图 2.6.15 所示。

图 2.6.15　设置系统的输入方式

将系统的"隐私—位置服务"信息关闭，单击"前进"按钮，如图 2.6.16 所示。

图 2.6.16　设置隐私信息

按照图 2.6.17 所示设置系统的时区，单击"前进"按钮。

图 2.6.17　设置系统的时区

　　为 CentOS 7 系统创建一个本地的普通用户，该账户的用户名为"yhy"，密码为"CentOS"，如图 2.6.18 和图 2.6.19 所示。单击"前进"按钮，在图 2.6.20 所示界面中单击"开始使用"按钮。

图 2.6.18　创建本地的普通用户

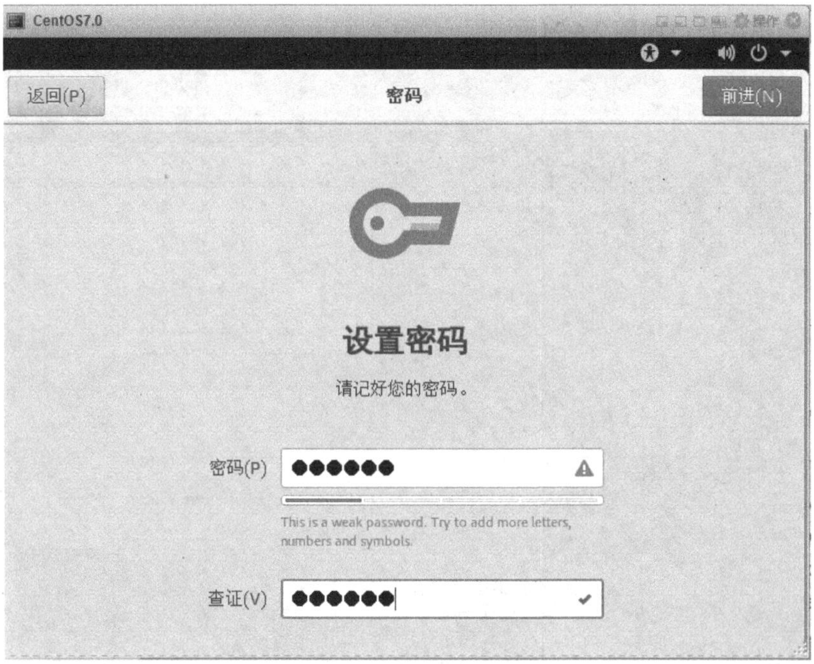

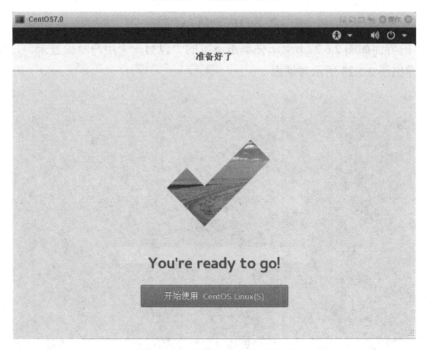

图 2.6.19 设置账户密码

图 2.6.20 系统初始化结束界面

至此，完成了全部安装和部署工作。

第 10 步：注销普通用户 yhy，使用 ROOT 管理员身份登录。

CentOS 的权限管控非常严格，普通用户 yhy 的权限有限，建议在实验的时候使用 ROOT 管理员身份登录系统，单击右上角的电源图标菜单，先选择"yhy"账户，再选择"注销"

命令，注销当前用户，如图 2.6.21 所示。

图 2.6.21　注销当前用户

注销后的界面如图 2.6.22 所示，先单击下方的"以另一个用户身份登录"，再单击"未列出？"，弹出图 2.6.23 所示对话框。

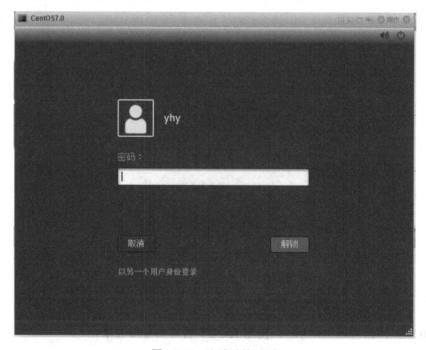

图 2.6.22　注销后的界面

在"用户名"文本框中输入 ROOT 管理员账号"root"，单击"下一步"按钮，输入安装时设置的 ROOT 管理员密码，即可登录系统。

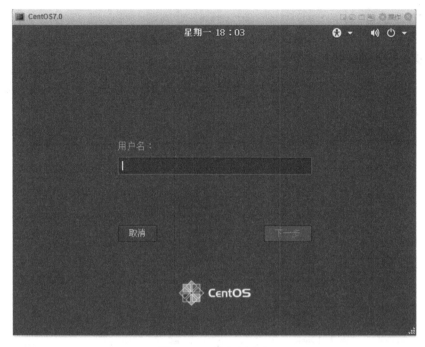

图 2.6.23　输入用户名

 # 任务 2.7　为虚拟机创建快照

扫一扫，看微课

 任务说明

　　快照允许管理员创建虚拟机的即时检查点。快照可以捕捉特定时刻的虚拟机状态，管理员可以在虚拟机出现问题时将其恢复到前一个快照状态，恢复虚拟机的正常工作状态。在此任务中，将为新安装的虚拟机创建一个快照。

相关知识

　　快照功能有很多用处，假设要为虚拟机中运行的服务器程序安装最新的补丁，若希望在补丁安装出现问题时能够恢复原来的状态，则在安装补丁之前创建快照。用户可以在虚拟机处于开启、关闭或挂起状态时拍摄快照。快照可以捕获虚拟机的状态，包括内存状态、设置状态和磁盘状态。

　　快照不是备份，要对虚拟机进行备份，需要使用其他备份工具，不能依赖快照备份虚拟机。在实验环境中，建议将虚拟机正常关机后再创建快照，这样快照执行的速度很快，占用的磁盘空间也很小。

第1步：打开创建快照向导。

右击虚拟机"CentOS 7.0"，在弹出的快捷菜单中选择"快照"→"生成快照"命令，如图 2.7.1 所示。

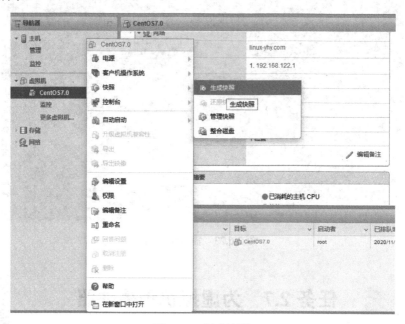

图 2.7.1　创建快照

第2步：给快照命名。

输入快照名称和描述，如图 2.7.2 所示。

图 2.7.2　输入快照名称和描述

第 3 步：管理快照。

右击虚拟机"CentOS 7.0"，在弹出的快捷菜单中选择"快照"→"管理快照"命令，可以看到虚拟机的所有快照。选择一个快照，单击"还原快照"按钮，可以恢复虚拟机快照时的状态；单击"删除快照"按钮，可以删除快照，如图 2.7.3 所示。

图 2.7.3　快照管理器

至此，CentOS 7.0 系统已经成功创建快照，此任务结束。

 任务 2.8　配置虚拟机跟随 ESXi 主机自动启动

扫一扫，看微课

即使在生产环境中，所有的服务器也并不是时时开机的，有时服务器会关机。在以前物理机、独立服务器的情况下，这样做没有问题。而在虚拟化环境中，大多数服务器都虚拟化了。如果直接关闭 ESXi 主机的电源，默认情况下，ESXi 主机中正在运行的虚拟机会被关机，并且相当于物理机的"强制关机"——拔掉电源线，这对虚拟机操作系统会有一定的伤害。另外，当 ESXi 主机开机时，默认情况下，在关机前使用的系统并不会"自动"开机，还需要管理员登录 ESXi 主机，手动"打开"虚拟机的电源，才能让虚拟机工作。实际上，我们的目的是让 ESXi 主机关机时，让其中正在运行的虚拟机启动一个"正常关机"的命令，而在 ESXi 主机重新开机之后，这些虚拟机能正常启动，并且是自动启动。

任务实施

第 1 步：打开 ESXi 主机配置页面。

在 ESXi 主机的"管理"选项卡中选择"系统"→"自动启动"命令，如图 2.8.1 所示。

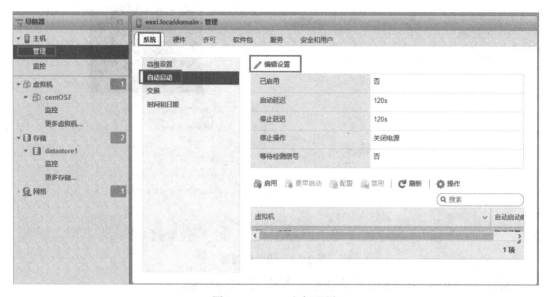

图 2.8.1　ESXi 主机配置

第 2 步：设置虚拟机启动和关机。

选择图 2.8.1 中的"编辑设置"命令，打开图 2.8.2 所示"更改自动启动配置"页面，将"已启用"项选择为"是"，开启虚拟机跟随 ESXi 主机启动而自动启动选项。

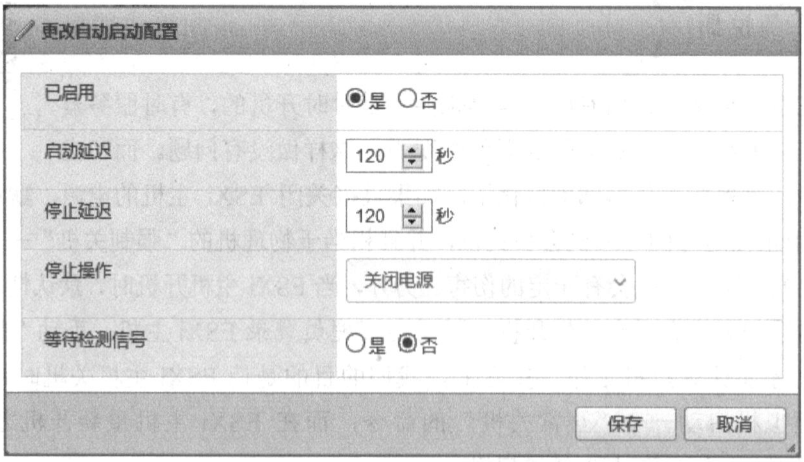

图 2.8.2　配置虚拟机自动启动

将虚拟机 CentOS 7 上移到"自动启动"列表中。单击"启用"按钮，对于每个设置为自动启动的虚拟机，如图 2.8.3 所示，可以在"启动延迟"和"停止延迟"中配置延迟时间，从而实现按顺序启动或关闭每个虚拟机。关机操作建议选择"客户机关机"，前提是每个虚拟机都要安装 VMware Tools。

图 2.8.3　启用自动启动

至此，CentOS 7 系统已经能够成功跟随 ESXi 主机的启动而启动了，此任务结束。

项目 3　搭建 iSCSI 目标存储服务器

项目说明

无论是在传统架构中，还是在虚拟化架构中，存储都是重要的设备之一。只有正确配置、使用存储，vSphere 的高级特性（包括 vSphere vMotion、vSphere DRS、vSphere HA 等）才可以正常运行。在本任务中，我们将认识 vSphere 存储的基本概念，了解 iSCSI SAN 的基本概念，并分别使用 StarWind 和 openfile 搭建 iSCSI 目标存储服务器，添加用于 iSCSI 流量的 VMkernel 端口，配置 ESXi 主机使用 iSCSI 存储。本任务的实验拓扑如图 3.1 所示。

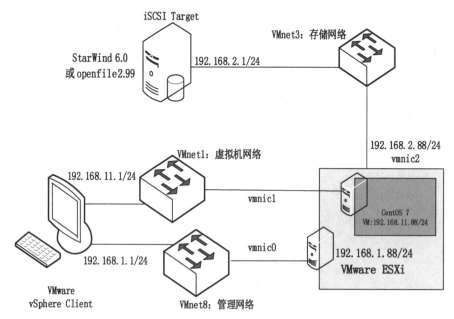

图 3.1　配置 vSphere 使用 iSCSI 存储

任务 3.1　理解 iSCSI 存储器

扫一扫，看微课

任务说明

目前，服务器使用的专业存储方案有 DAS、NAS、SAN、iSCSI。存储根据服务器类型可以分为封闭系统的存储和开放系统的存储。

（1）封闭系统主要指大型机。

（2）开放系统指基于 Windows、UNIX、Linux 等操作系统的服务器；开放系统的存储分为内置存储和外挂存储。

（3）开放系统的外挂存储根据连接方式分为直连式存储（Direct-Attached Storage，DAS）和网络化存储（Fabric-Attached Storage，FAS）。

（4）开放系统的网络化存储根据传输协议分为 NASC（Network-Attached Storage，网络附加存储）和 SAN（Storage Area Network，存储区域网）。目前绝大部分用户采用的是开放系统，其外挂存储占磁盘存储市场的 70%以上。

任务分析

本任务的主要目的是认识目前市场上常用的存储软硬件及存储方式。

相关知识

1. 直连式存储

直连式存储（DAS）是指将存储设备通过 SCSI 接口直接连接到一台服务器上使用。DAS 购置成本低，配置简单，其使用过程和使用本机硬盘并无太大差别，对于服务器的要求仅仅是有一个外接的 SCSI 口，因此对于小型企业很有吸引力。

DAS 的不足之处如下。

（1）服务器本身容易成为系统瓶颈。直连式存储与服务器主机之间的连接通道通常采用 SCSI 连接，带宽为 10Mbit/s、20Mbit/s、40Mbit/s、80Mbit/s 等，随着服务器 CPU 的处理能力越来越强，存储硬盘空间越来越大，阵列的硬盘数量越来越多，SCSI 通道将成为 I/O 瓶颈；服务器主机 SCSI ID 资源有限，能够建立的 SCSI 通道连接有限。

（2）服务器发生故障时数据不可访问。

（3）存在多台服务器的系统设备分散，不便于管理。同时，在多台服务器使用 DAS 时，存储空间不能在服务器之间动态分配，可能造成一定的资源浪费。

（4）数据备份操作复杂。

2．网络附加存储

网络附加存储（NAS）实际上是一种带有瘦服务器的存储设备。这个瘦服务器实际上是一台网络文件服务器。NAS 设备直接连接到 TCP/IP 网络上，网络服务器通过 TCP/IP 网络存取管理数据。NAS 作为一种瘦服务器系统，易于安装和部署，管理、使用也很方便。同时允许客户机不通过服务器直接在 NAS 中存取数据，因此可以减少系统开销。

NAS 为异构平台使用统一存储系统提供了解决方案，NAS 只需要在一个基本的磁盘阵列柜外增加一套瘦服务器系统，对硬件要求很低，软件成本也不高，甚至可以使用免费的 Linux 解决方案，成本只比直连式存储略高。

NAS 存在的主要问题如下。

（1）由于存储数据通过普通数据网络传输，因此易受网络上其他流量的影响。当网络上有其他大数据流量时，会严重影响系统性能。

（2）由于存储数据通过普通数据网络传输，因此容易产生数据泄露等安全问题。

（3）存储只能以文件方式访问，而不能像普通文件系统一样直接访问物理数据块，因此会在某些情况下严重影响系统效率，如大型数据库就不能使用 NAS。

3．存储区域网

存储区域网（SAN）实际上是专门为存储建立的独立于 TCP/IP 网络之外的专用网络。目前，一般的 SAN 提供 2～4Gbit/s 的传输速率，同时 SAN 独立于数据网络存在，因此存取速度很快。另外，SAN 一般采用高端的 RAID 阵列，使 SAN 的性能在几种专业存储方案中独占鳌头。

由于 SAN 的基础是一个专用网络，因此扩展性很强，不管是在一个 SAN 系统中增加一定的存储空间，还是增加几台使用存储空间的服务器都非常方便。通过 SAN 接口的磁带机，SAN 系统可以方便、高效地实现数据的集中备份。

SAN 作为一种新兴的存储方式，是未来存储技术的发展方向，但是，它也存在一些缺点。

（1）价格昂贵。不论是 SAN 阵列柜，还是 SAN 必需的光纤通道交换机，价格都十分昂贵，就连服务器上使用的光通道卡的价格也是不容易被小型商业企业接受的。

（2）需要单独建立光纤网络，异地扩展比较困难。

4．iSCSI 网络存储

使用专门的 SAN 成本很高，而利用普通的数据网传输 iSCSI 数据实现和 SAN 相似的功能可以大大降低成本，同时提高系统的灵活性。

iSCSI 就是这样一种技术，它利用普通的 TCP/IP 网络传输本来用 SAN 传输的 SCSI 数据块。iSCSI 的成本相对 SAN 来说要低不少。随着千兆网的普及，万兆网也逐渐进入主流，这使 iSCSI 的速度相对 SAN 来说并没有太大的劣势。

iSCSI 目前存在的主要问题如下。

（1）因为是新兴的技术，所以提供完整解决方案的厂商较少，对管理者的技术要求高。

（2）通过普通网卡存取 iSCSI 数据时，解码成 SCSI 需要 CPU 进行运算，增加了系统性能开销。如果采用专门的 iSCSI 网卡，虽然可以减少系统性能开销，但会大大增加成本。

（3）使用数据网络进行存取时，存取速度冗余受网络运行状况的影响。

5. NAS 与 SAN

NAS 用户通过 TCP/IP 访问数据，采用业界标准文件共享协议，如 NFS、HTTP、CIFS 实现共享。I/O 是整个网络系统效率低下的瓶颈，如图 3.1.1 所示，最有效的解决办法就是将数据从通用的应用服务器中分离出来，以简化存储管理。

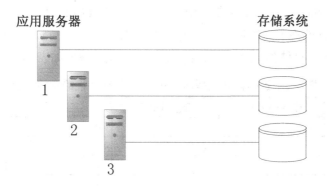

图 3.1.1　NAS 的存储结构

由图 3.1.1 可知原来存在的问题：每个新的应用服务器都要有自己的存储器。这样造成数据处理复杂，随着应用服务器的不断增加，网络系统效率会急剧下降。有效的解决办法是把图 3.1.1 所示的存储结构优化成图 3.1.2 所示的存储结构。

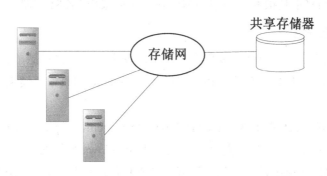

图 3.1.2　SAN 的存储结构

从图 3.1.2 可以看出：将存储器从应用服务器中分离出来，进行集中管理，这就是所说的存储网络（Storage Networks）。SAN 通过专用光纤通道交换机访问数据，采用 SCSI、FC-AL 接口。使用存储网络的好处体现在以下方面。

（1）统一性。形散神不散，在逻辑上是完全一体的。

（2）实现数据集中管理，因为它们才是企业真正的命脉。

（3）容易扩充，即收缩性很强。

（4）具有容错功能，整个网络无单点故障。

NAS 将目光集中在应用、用户和文件及它们共享的数据上。

SAN 将目光集中在磁盘、磁带及连接它们的可靠的基础结构上。

6．VMware vSphere 支持的存储类型

VMware ESXi 主机可以支持多种存储方法，包括本地 SAS/SATA/SCSI 存储；光纤通道（Fibre Channel，FC）；使用软件和硬件发起者的 iSCSI；以太网光纤通道（FCoE）；网络文件系统（NFS）。

其中，本地 SAS/SATA/SCSI 存储就是 ESXi 主机的内置硬盘，或者通过 SAS 线缆连接的磁盘阵列，这些都叫作直连式存储。光纤通道、iSCSI、FCoE、NFS 均为通过网络连接的共享存储，vSphere 的许多高级特性都依赖共享存储，如 vSphere vMotion、vSphere DRS、vSphere HA 等。各种存储类型对 vSphere 高级特性的支持情况如表 3-1 所示。

表 3-1　各种存储类型对 vSphere 高级特性的支持情况

存储类型	支持 vMotion	支持 DRS	支持 HA	支持裸设备映射
光纤通道	√	√	√	√
iSCSI	√	√	√	√
FCoE	√	√	√	√
NFS	√	√	√	×
直连式存储	√	×	×	√

要部署 vSphere 虚拟化系统，不能只使用直连式存储，必须选择一种网络存储方式作为 ESXi 主机的共享存储。对于预算充足的大型企业，建议采用光纤通道存储，其最高速率可达 16Gbit/s。对于预算不是很充足的中小型企业，可以采用 iSCSI 存储。

7．vSphere 数据存储

数据存储是一个可以使用一个或多个物理设备磁盘空间的逻辑存储单元。数据存储可以用于存储虚拟机文件、虚拟机模板和 ISO 镜像等，vSphere 的数据存储类型包括 VMFS、NFS 和 RDM 三种。

（1）VMFS。VMFS（vSphere Virtual Machine File System，vSphere 虚拟机文件系统）是适用于许多 vSphere 部署的通用配置方法，类似于 Windows 系统的 NTFS 和 Linux 系统的 EXT4。如果在虚拟化环境中使用了任何形式的块存储(如硬盘)，则一定是在使用 VMFS。VMFS 创建了一个共享存储池，可以供一个或多个虚拟机使用。VMFS 的作用是简化存储环境。如果每个虚拟机都直接访问自己的存储，而不是将文件存储在共享卷中，那么虚拟环境会变得难以扩展。

（2）NFS。NFS（Network File System，网络文件系统）允许一个系统在网络上共享目录和文件。通过使用 NFS，用户和程序可以像访问本地文件一样访问远端系统上的文件。

（3）RDM。RDM（Raw Device Mappings，裸设备映射）可以让运行在 ESXi 主机上的虚拟机直接访问和使用存储设备，以增强虚拟机磁盘性能。

8. iSCSI 数据封装

iSCSI（Internet Small Computer System Interface，Internet 小型计算机系统接口）是通过 TCP/IP 网络传输 SCSI 指令的协议。iSCSI 能够把 SCSI 指令和数据封装到 TCP/IP 数据包中，并封装到以太网帧中。

9. iSCSI 系统组成

图 3.1.3 所示为一个 iSCSI 系统的基本组成，下面将对 iSCSI 系统的各个组件进行说明。

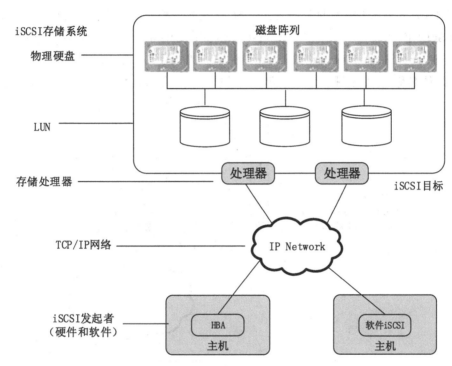

图 3.1.3 iSCSI 系统的基本组成

（1）iSCSI 发起者。iSCSI 发起者是一个逻辑主机端设备，相当于 iSCSI 的客户端。iSCSI 发起者可以是软件发起者（使用普通以太网卡）或硬件发起者（使用硬件 HBA 卡）。iSCSI 发起者用一个 iSCSI 限定名称（IQN）标志其身份。iSCSI 发起者使用包含一个或多个 IP 地址的网络入口"登录"iSCSI 目标。

（2）iSCSI 目标。iSCSI 目标是一个逻辑目标端设备，相当于 iSCSI 的服务器端。iSCSI 目标既可以使用硬件实现（如支持 iSCSI 的磁盘阵列），也可以使用软件实现（如使用 iSCSI 目标服务器软件）。

iSCSI 目标由一个 iSCSI 限定名称（IQN）标志其身份。iSCSI 目标使用一个包含一个或多个 IP 地址的 iSCSI 网络入口。

常见的 iSCSI 目标服务器软件包括 StarWind、openfiler、Open-E、Linux iSCSI Target 等，Windows Server 2016 也内置了 iSCSI 目标服务器。

（3）iSCSI LUN。LUN 的全称是 Logical Unit Number，即逻辑单元号。iSCSI LUN 是

在一个 iSCSI 目标上运行的 LUN，从主机层面上看，一个 LUN 就是一块可以使用的磁盘。一个 iSCSI 目标可以有一个或多个 LUN。

（4）iSCSI 网络入口。iSCSI 网络入口是 iSCSI 发起者或 iSCSI 目标使用的一个或多个 IP 地址。

（5）存储处理器。存储处理器又称阵列控制器，是磁盘阵列的大脑，主要用来实现数据的存储转发，以及整个阵列的管理。

10. iSCSI 寻址

图 3.1.4 所示是 iSCSI 寻址的示意图，iSCSI 发起者和 iSCSI 目标分别有一个 IP 地址和一个 iSCSI 限定名称。iSCSI 限定名称（iSCSI Qualified Name，IQN）是 iSCSI 发起者、目标或 LUN 的唯一标识符。IQN 的格式："iqn" + "." + "年月" + "." + "颠倒的域名" + ":" + "设备的具体名称"，颠倒域名是为了避免可能的冲突，如 iqn.2008-08.com.vmware:esxi。

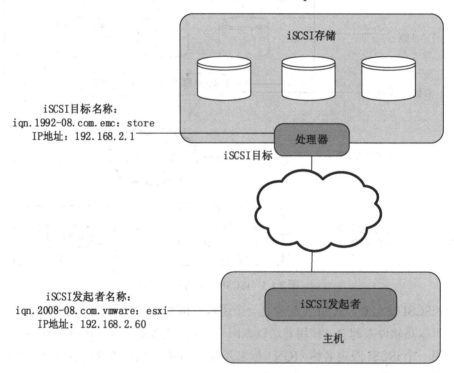

图 3.1.4　iSCSI 寻址示意图

iSCSI 使用一种发现方法，使 iSCSI 发起者能够查询 iSCSI 目标的可用 LUN。iSCSI 支持静态和动态两种目标发现方法。静态发现方法指手工配置 iSCSI 目标和 LUN。动态发现方法指由发起者向 iSCSI 目标发送一个 iSCSI 标准的 Send Targets 命令，对方会将所有可用目标和 LUN 报告给发起者。

11. iSCSI SAN

虽然光纤通道的性能一般要高于 iSCSI，但是在很多时候，iSCSI SAN 已经能够满足许多用户的需求，而且一个认真规划且支持扩展的 iSCSI 基础架构在大部分情况下能达到中端光纤通道 SAN 的同等性能。一个良好的、可扩展的 iSCSI SAN 拓扑设计如图 3.1.5 所示，每台 ESXi 主机至少有两个 VMkernel 端口用于 iSCSI 连接，而每个端口又物理连接到两台以太网交换机上。每台交换机到 iSCSI 阵列之间至少有两个连接（分别连接到不同的阵列控制器）。

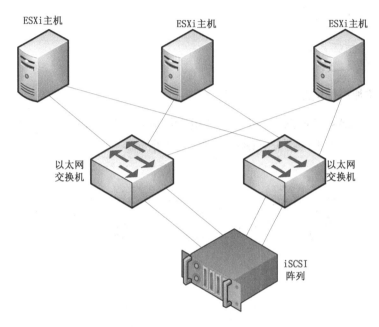

图 3.1.5　iSCSI SAN 拓扑设计

至此，我们已经基本认识了当前的存储方式及 iSCSI 存储，本任务结束。

 ## 任务 3.2　搭建 StarWind iSCSI 存储服务器

 项目说明

StarWind iSCSI SAN & NAS 6.0 是一个运行在 Windows 操作系统上的 iSCSI 目标服务器。StarWind 既能安装在 Windows Server 服务器操作系统上，也能安装在 Windows 7/8/10 操作系统上。如果在 Windows Server 2003 或 Windows XP 中安装 StarWind，需要先安装 iSCSI Initiator。Windows Server 2008、Windows 7/10 或更高版本默认集成了 iSCSI Initiator，直接安装 StarWind 即可。

扫一扫，看微课

 任务说明

在这里，将把 StarWind 安装在本机（运行 Windows 10 操作系统），以节省资源占用。也可以创建一个 Windows Server 虚拟机，并在虚拟机里安装 StarWind。

存储网络应该是专用的内部网络，不与外部网络相连，因此在本项目的拓扑规划中，为 iSCSI 存储单独规划了一个网络。在实验环境中，使用 VMware Workstation 的 VMnet3 虚拟网络作为 iSCSI 存储网络。

 任务实施

第 1 步：添加虚拟网络。

在 VMware Workstation 的主界面打开"编辑"菜单中的"虚拟网络编辑器"，单击"添加网络"按钮，添加虚拟网络 VMnet3，如图 3.2.1 所示。

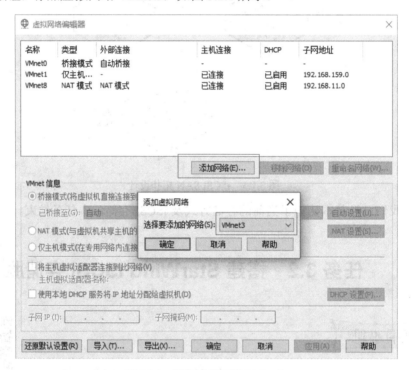

图 3.2.1　添加虚拟网络 VMnet3

第 2 步：修改虚拟网络 VMnet3 的网络地址。

修改虚拟网络 VMnet3 的网段地址为 192.168.2.0/255.255.255.0，单击"应用"按钮保存配置，如图 3.2.2 所示。

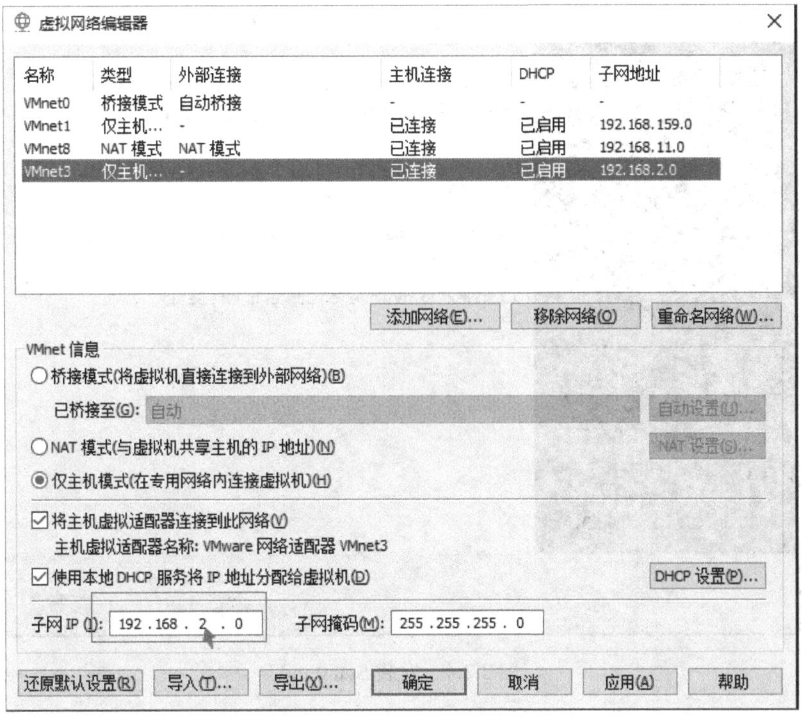

图 3.2.2 虚拟网络编辑器

第 3 步：查看添加的虚拟网卡信息。

在本机的网络适配器中，可以看到新添加的虚拟网卡 VMware Network Adapter VMnet3，如图 3.2.3 所示。虚拟网卡 VMware Network Adapter VMnet3 的 IP 地址默认为 192.168.2.1。

图 3.2.3 本机的网络适配器

第 4 步：安装 StarWind iSCSI SAN & NAS 6.0。

运行 StarWind 6.0 的安装程序，开始安装 StarWind iSCSI SAN & NAS 6.0，如图 3.2.4 所示。

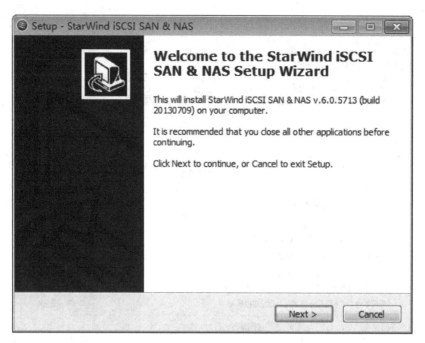

图 3.2.4　安装 StarWind

选择"Full installation"，安装所有组件，如图 3.2.5 所示。

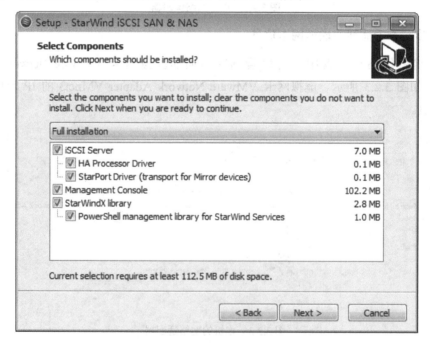

图 3.2.5　选择所有组件

要使用 StarWind，必须要有授权密钥。可以先在 StarWind 的官方网站申请一个免费的密钥，然后选择"Thank you，I do have a key already"单选按钮，如图 3.2.6 所示。

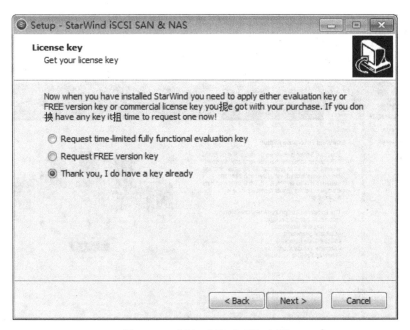

图 3.2.6 选择已经拥有授权密钥

浏览找到授权密钥文件，如图 3.2.7 所示。

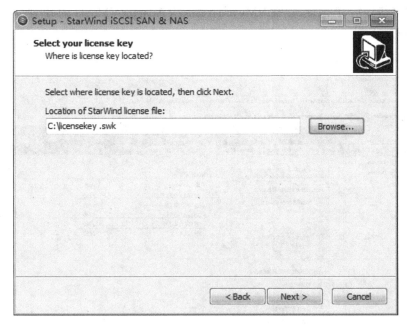

图 3.2.7 选择授权密钥文件

第 5 步：打开 StarWind，连接 StarWind Servers。

安装完成后会自动打开 "StarWind Management Console" 界面，并连接到本机的 StarWind Servers，如图 3.2.8 所示。如果没有连接 StarWind Servers，可以选中计算机名，单击 "Connect" 按钮。

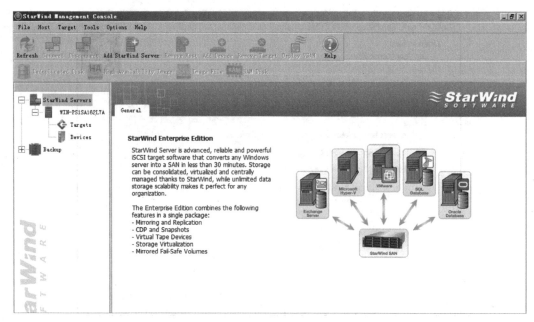

图 3.2.8　"StarWind Management Console"界面

选择"StarWind Servers"→本机计算机名→"Configuration"→"Network"，可以看到 StarWind 已经绑定的 IP 地址，包括 **VMware Network Adapter VMnet3** 的 IP 地址 **192.168.2.1**，如图 3.2.9 所示。

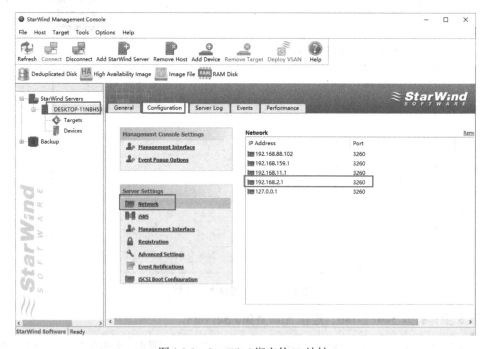

图 3.2.9　StarWind 绑定的 IP 地址

第 6 步：添加 iSCSI 目标。

① 选择"Targets"后右击，在弹出的快捷菜单中选择"Add Target"命令，如图 3.2.10

所示，添加 iSCSI 目标。

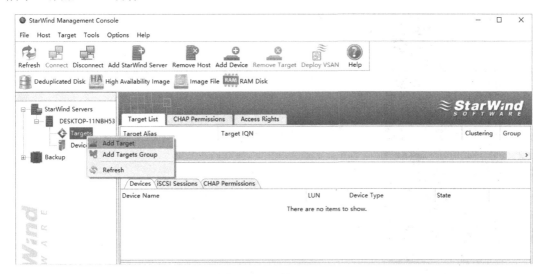

图 3.2.10　添加 Target

② 输入 iSCSI 目标别名 "ForESXi"，选中 "Allow multiple concurrent iSCSI connections (clustering)" 复选框，允许多个 iSCSI 发起者连接到这个 iSCSI 目标，如图 3.2.11 所示。

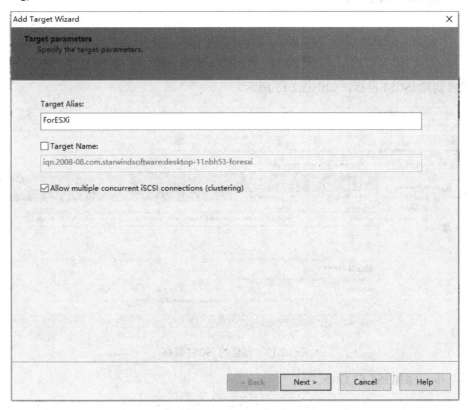

图 3.2.11　输入目标别名

③ 确认创建 iSCSI 目标 ForESXi，如图 3.2.12 所示。

图 3.2.12　确认创建 iSCSI 目标

已经创建 iSCSI 目标，如图 3.2.13 所示。

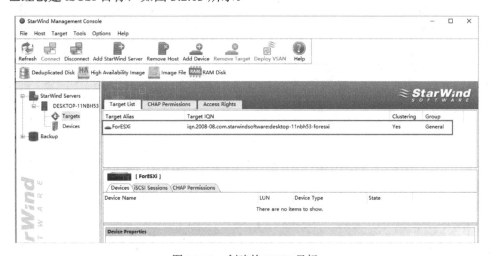

图 3.2.13　创建的 iSCSI 目标

第 7 步：添加 iSCSI 设备。

① 选择 "Devices" → "Add Device" 命令，添加 iSCSI 设备，如图 3.2.14 所示。

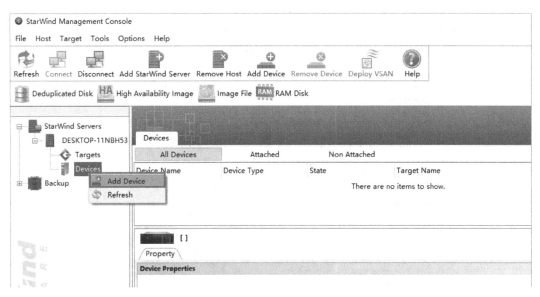

图 3.2.14 添加 Device

② 选择"Virtual Hard Disk"单选按钮,创建虚拟硬盘,如图 3.2.15 所示。

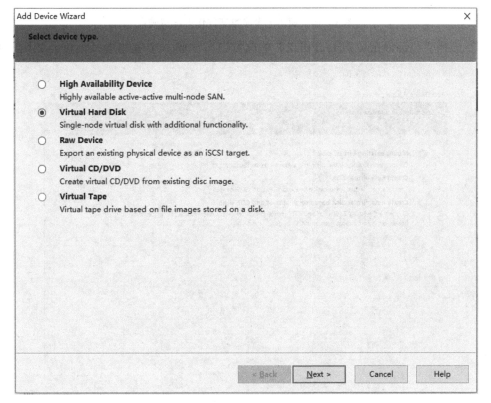

图 3.2.15 选择创建虚拟硬盘

③ 选择"Image File device"单选按钮,使用一个磁盘文件作为虚拟硬盘,如图 3.2.16 所示。

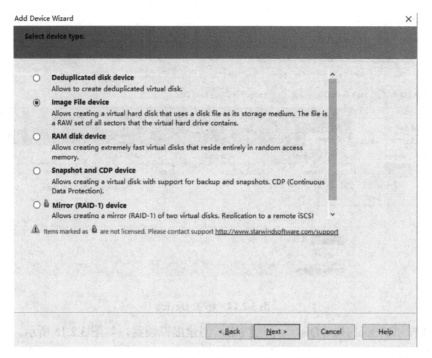

图 3.2.16　使用一个磁盘文件作为虚拟硬盘

④ 选择"Create new virtual disk"单选按钮，创建一个新的虚拟硬盘，如图 3.2.17 所示。

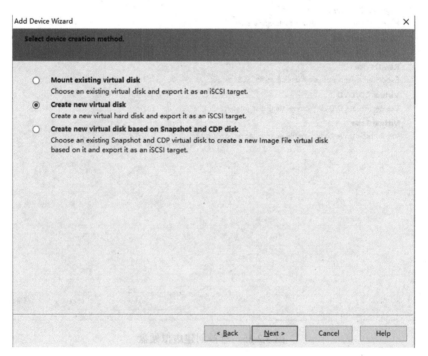

图 3.2.17　创建新的虚拟硬盘

⑤ 配置虚拟硬盘文件位置和名称为"My Computer\D\ForESXi.img"，大小为 100GB，可以选择是否压缩（Compressed）、加密（Encrypted）、清零虚拟磁盘文件（Fill with zeroes），

如图 3.2.18 所示。注意，需要确认本机 D 盘的可用空间是否足够。

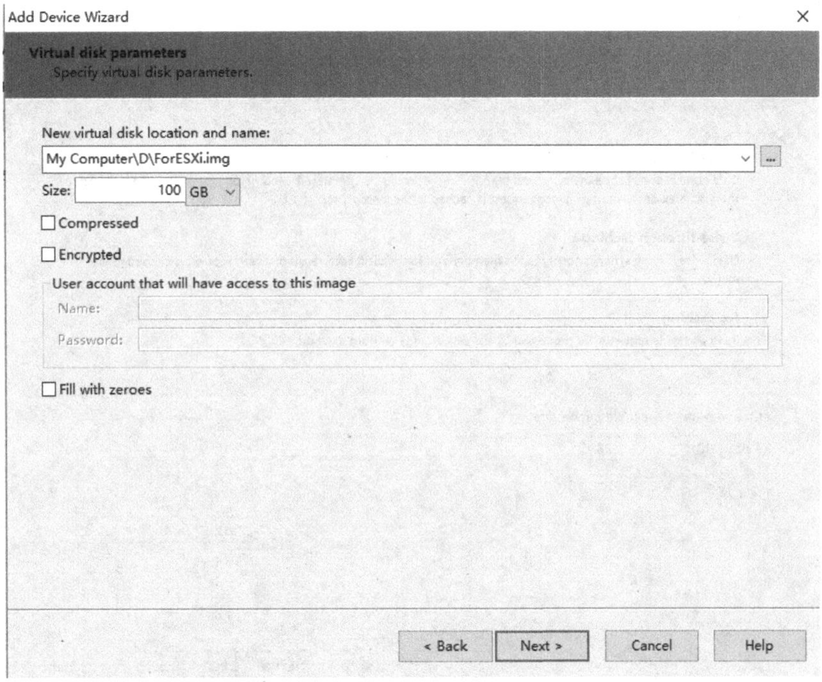

图 3.2.18　创建虚拟硬盘文件

⑥ 选择刚创建的虚拟磁盘文件，默认使用 "Asynchronous mode"（异步模式），如图 3.2.19 所示。

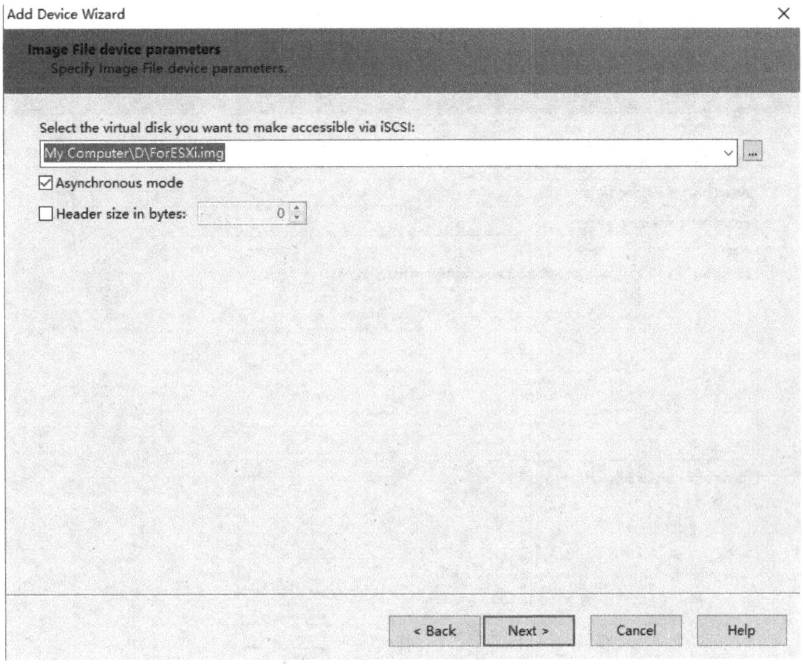

图 3.2.19　使用虚拟硬盘文件

⑦ 设置虚拟磁盘文件的缓存参数,一般不需要修改,如图 3.2.20 所示。

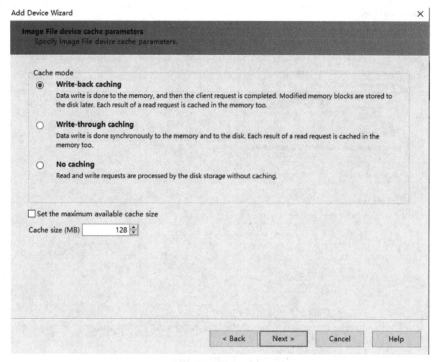

图 3.2.20　设置虚拟磁盘文件的缓存参数

⑧ 选择"Attach to the existing target",将虚拟硬盘关联到已存在的 iSCSI 目标。选中之前创建的 iSCSI 目标 ForESXi,如图 3.2.21 所示。

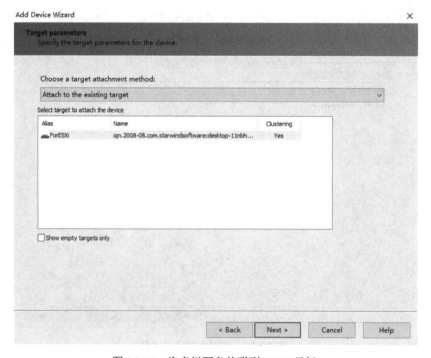

图 3.2.21　将虚拟硬盘关联到 iSCSI 目标

确认创建虚拟硬盘设备，如图 3.2.22 所示。

图 3.2.22　确认创建虚拟硬盘设备

如图 3.2.23 所示，已经创建虚拟硬盘设备，该设备关联到之前创建的 iSCSI 目标。

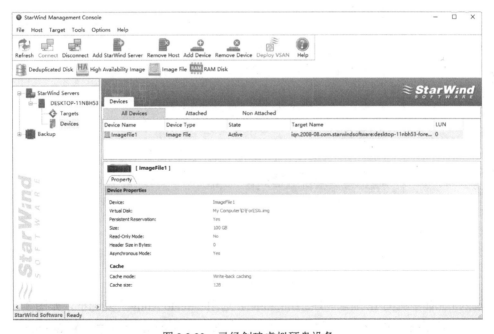

图 3.2.23　已经创建虚拟硬盘设备

第 8 步：设置访问权限。

StarWind 默认允许所有 iSCSI 发起者的连接。为安全起见，在这里设置访问权限，只允许 ESXi 主机连接到此 iSCSI 目标。单击"Targets"菜单下的"Access Rights"选项卡，在空白处右击，在弹出的快捷菜单中选择"Add Rule"命令，添加访问权限规则，如图 3.2.24 所示。

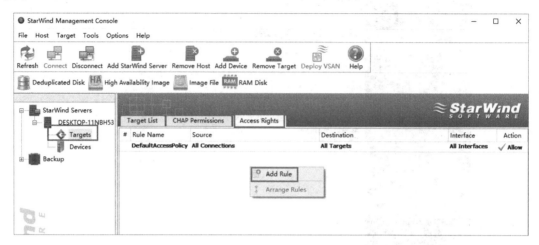

图 3.2.24　添加访问权限规则

输入规则名称为"AllowESXi"，在"Source"选项卡中单击"Add"→"Add IP Address"按钮，如图 3.2.25 所示。

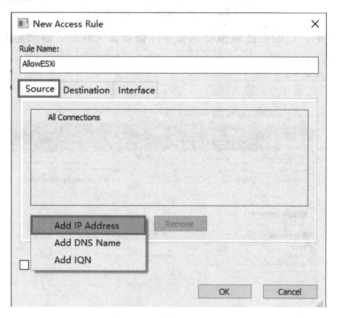

图 3.2.25　输入规则名称

输入 ESXi 主机的 IP 地址"192.168.2.88"，选中"Set to Allow"复选框，如图 3.2.26 所示。如果要允许多个 ESXi 主机的连接，将每个 ESXi 主机的 IP 地址添加到 Source 列表即可，如图 3.2.26 所示。

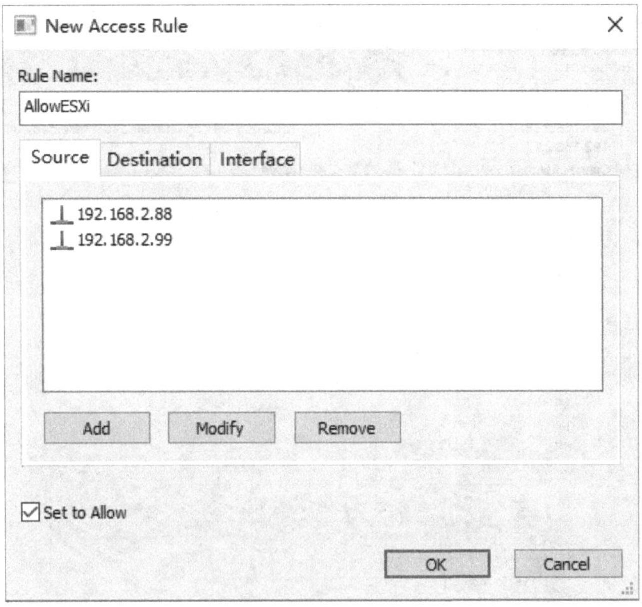

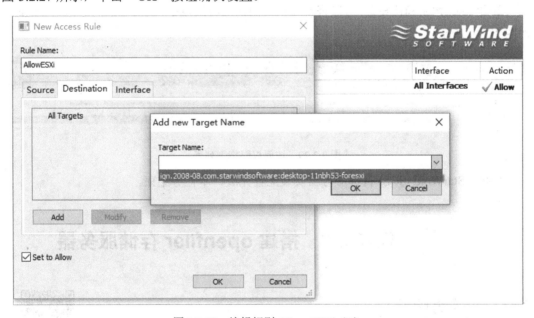

图 3.2.26　编辑规则 AllowESXi（1）

　　切换到"Destination"选项卡，单击"Add"按钮，选择之前创建的 iSCSI 目标，如图 3.2.27 所示，单击"OK"按钮确认设置。

图 3.2.27　编辑规则 Allow ESXi（2）

第 9 步：修改默认策略。

　　右击"DefaultAccessPolicy"，选择"Modify Rule"命令，取消选中"Set to Allow"复选框，如图 3.2.28 所示。

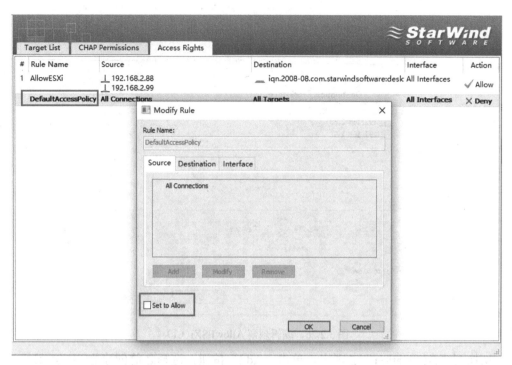

图 3.2.28　编辑规则 DefaultAccessPolicy

单击"OK"按钮确认设置，可以查看编辑好的访问权限规则，默认规则的操作为"Deny"，如图 3.2.29 所示。

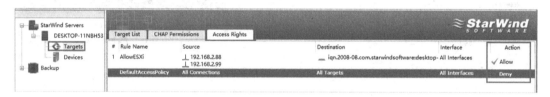

图 3.2.29　访问权限规则列表

至此，StarWind iSCSI 目标服务器安装配置完成，本任务结束。

 # 任务 3.3　搭建 openfiler 存储服务器

扫一扫，看微课

　　由于独立存储价格相对昂贵，免费的存储服务器软件有 Free NAS 和 openfiler。其中，Free NAS 的网站上只有 i386 及 AMD 64 的版本，也就是说，Free NAS 不能支持 64 位版本的 Intel CPU，而 openfiler 则提供更全面的版本支持，在其网站上可以看到支持多网卡、多 CPU，以及硬件 RAID 的支持，还有 10Gbit/s 网卡的支持。因此，在本任务中，采用的存储服务器是 openfiler。openfiler 可以支持网络存储技术 IP-SAN

和 NAS，也支持 iSCSI、NFS、SMB/CIFS 及 FTP 等协议，提供 LAN 主机独立存储系统。从 www.openfiler.com 网站下载 openfiler 2.99 的 ISO 文件，刻录成光盘，或者直接使用 ISO 虚拟光盘文件。

任务分析

本任务是上一个任务的替代任务，主要介绍 openfiler 的安装及搭建 IP-SAN 和 NAS 环境。openfiler 能把标准 x86/64 架构的系统变成一个强大的 NAS、SAN 存储和 IP 存储网关，为管理员提供一个强大的管理平台，并能应付未来的存储需求。依赖 VMware、Virtual Iron 和 Xen 服务器虚拟化技术，openfiler 也可以部署为一个虚拟机实例。

openfiler 这种灵活、高效的部署方式，确保存储管理员能够在一个或多个网络存储环境下使系统的性能和存储资源得到最佳的利用和分配。此外，与其他存储解决方案不同的是，openfiler 的管理是通过一个强大的、直观的基于 Web 的图形用户界面实现的。通过这个界面，管理员可以执行创建卷、网络共享磁盘、分配用户和组、磁盘配额和管理 RAID 阵列等各项工作。

作为一个纯软件的解决方案，openfiler 可以在几分钟内下载并安装在任何工业标准的硬件上。这是全新部署或重新启用老的硬件资源的完美解决方案。openfiler 可以用来建立已有部署 SAN 或 DAS 存储系统的存储网关。在这种情况下，openfiler 是创建共享现有存储容量的新途径。

任务实施

第 1 步：新建虚拟机。

"客户机操作系统"选择"Linux"，"版本"选择"其他 Linux 2.6.x 内核 64 位"，其他选项根据需要自己定义，如图 3.3.1 所示。

图 3.3.1　选择客户机操作系统

第 2 步：安装 openfiler。

① 选择从 ISO 镜像启动，从光驱引导后是典型的 Linux 安装界面，直接按回车键进入图形化安装界面，如图 3.3.2 所示。

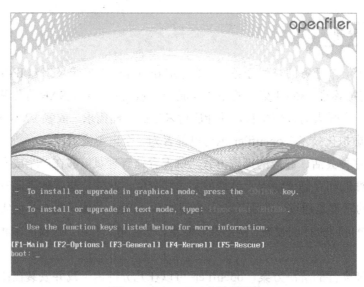

图 3.3.2　openfiler 安装界面

② 直接按回车键后单击"Next"按钮，选择默认键盘，单击"Next"按钮。

③ 进入磁盘分区页面，在此处可以看到一个磁盘（100GB），此次规划是利用较小的磁盘空间安装 openfiler，剩余空间给 ESXi Server 使用（Linux 系统的安装并不局限于一块物理磁盘，这里只是根据个人需要做简单规划）。安装 openfiler 推荐的分区方法和常规的 Linux 分区方法是一样的，此处只创建一个引导（/boot）分区、一个根（/）分区、一个交换（swap）分区，其余空间保持 Free 状态，否则在 openfiler 中可能无法分配。具体分配如图 3.3.3 所示。

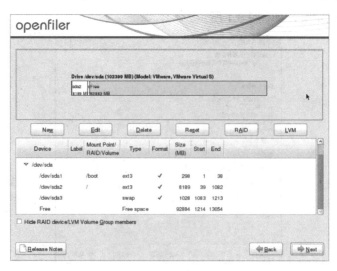

图 3.3.3　磁盘分区规划

④ 配置网络属性，设置 Hostname 和 IP 地址。建议设为固定 IP，因为 openfiler 安装完成之后没有图形界面，所有的配置都通过 Web 方式完成，没有固定的 IP 会给以后的配置造成不必要的麻烦。单击"Edit"按钮，填写 IP 地址为"192.168.2.2/24"，默认网关为"192.168.2.1"，DNS 为"8.8.8.8"，如图 3.3.4 所示。

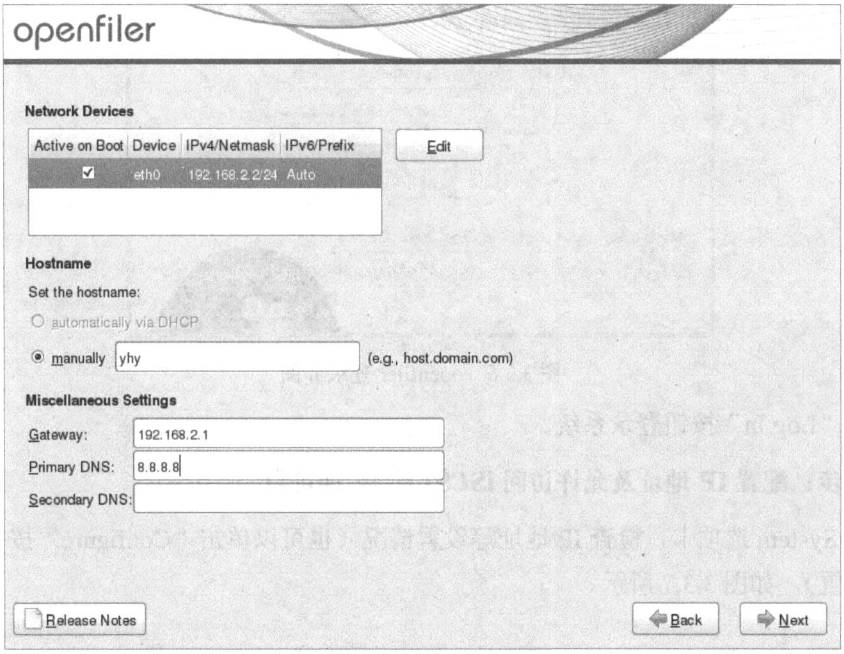

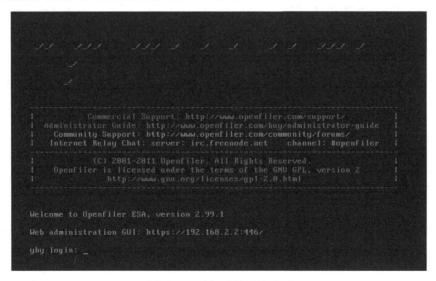

图 3.3.4　配置 IP 地址

⑤ 时区选择"Asia/Shanghai"，设置 ROOT 管理员的密码后开始正式安装，安装时间大约为几分钟，具体时间取决于硬件，安装完成单击"Reboot"按钮，重新引导系统，整个安装过程结束。重新引导后的界面如图 3.3.5 所示。

图 3.3.5　重新引导后的界面

第 3 步：登录 openfiler。

打开 IE 浏览器，输入网址 https://192.168.2.2:446，使用默认的用户名和密码进行登录。用户名（Username）为 openfiler，密码（Password）为 password，如图 3.3.6 所示。

图 3.3.6　openfiler 登录界面

单击"Log In"按钮登录系统。

第 4 步：配置 IP 地址及允许访问 iSCSI 的 IP 地址段。

单击 System 选项卡，检查 IP 地址等设置情况（也可以单击"Configure"按钮对 IP 地址进行配置），如图 3.3.7 所示。

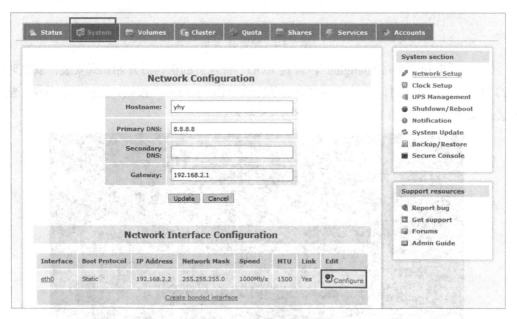

图 3.3.7　IP 地址配置界面

配置允许访问 iSCSI 的 IP 地址，本例输入"192.168.2.0/255.255.255.0"网段，类型选择"Share"，添加完成后单击"Update"按钮，如图 3.3.8 所示。

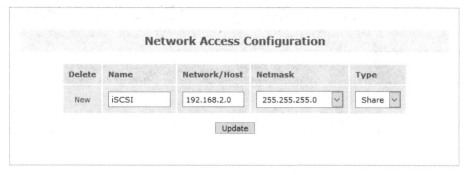

图 3.3.8 配置允许访问 iSCSI 的 IP 地址

第 5 步：添加物理磁盘。

关闭 openfiler 系统，选择"编辑虚拟机设置"→"添加"→"硬盘"命令，添加三块 20GB 的硬盘，如图 3.3.9 所示。

图 3.3.9 添加三块硬盘的效果

第 6 步：对磁盘进行操作。

① 重新登录 openfiler 系统，先单击"Volumes"选项卡，再单击右侧的"Block Devices"，会显示系统挂载的硬盘，如图 3.3.10 所示。

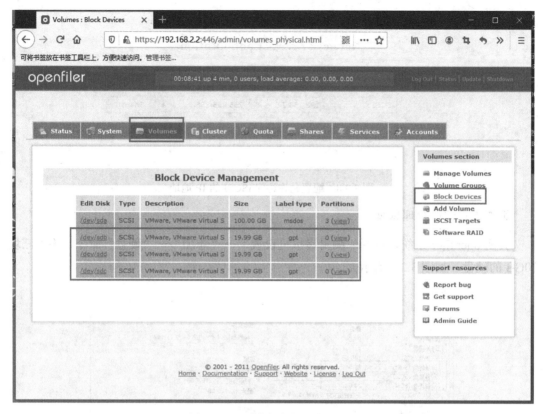

图 3.3.10　系统挂载的硬盘（1）

② 单击"/dev/sdb"，进入磁盘编辑界面，可以看到已经分配磁盘分区信息。创建一个新的分区，在"Partition Type"处选择"RAID array member"，输入 Ending cylinder 值（此处默认，将所有剩余空间划为一个分区），单击"Create"按钮，如图 3.3.11 所示。

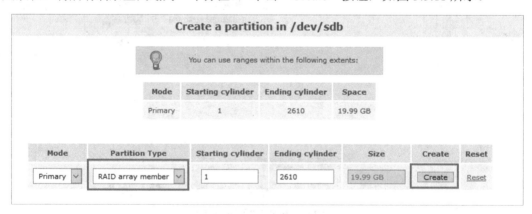

图 3.3.11　创建分区界面

③ 依次单击"/dev/sdc"和"/dev/sdd"，对它们都创建和"/dev/sdb"一样的分区。单击"Block Devices"，看到对应的 Partitions 从"0"变成了"1"，如图 3.3.12 所示。

Block Device Management

Edit Disk	Type	Description	Size	Label type	Partitions
/dev/sda	SCSI	VMware, VMware Virtual S	100.00 GB	msdos	3 (view)
/dev/sdb	SCSI	VMware, VMware Virtual S	19.99 GB	gpt	1 (view)
/dev/sdd	SCSI	VMware, VMware Virtual S	19.99 GB	gpt	1 (view)
/dev/sdc	SCSI	VMware, VMware Virtual S	19.99 GB	gpt	1 (view)

图 3.3.12 系统挂载的硬盘（2）

第 7 步：创建 RAID-5 磁盘阵列。

单击右侧的"Software RAID"，在"Select RAID array type"下选择将要创建的 RAID 阵列类型为"RAID-5(parity)"，选中三块磁盘，单击"Add array"按钮创建 RAID-5 磁盘阵列，如图 3.3.13 所示。

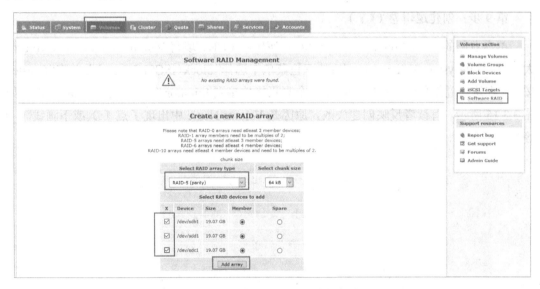

图 3.3.13 创建 RAID-5 磁盘阵列

第 8 步：创建卷组（VG）。

单击右侧的"Volume Groups"，填写 Volume group name（此处为 iscsi-vg），选中刚创建的 RAID-5 设备"/dev/md0"，单击"Add volume group"按钮，创建卷组，如图 3.3.14 所示。

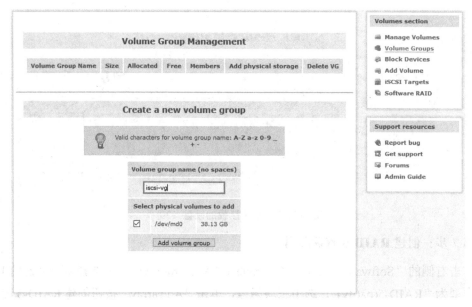

图 3.3.14　创建卷组

第 9 步：创建逻辑卷（LV）。

单击右侧的"Add Volume"，创建 iSCSI 逻辑卷 LUN，填写 Volume Name，输入 Volume 大小，在"Filesystem/Volume type"后的下拉菜单中选择"block（iSCSI,FC,etc）"。单击"Create"按钮，在这个卷组包含的空间上创建一个真正能挂接到 Initiator 客户端的逻辑卷（LV），如图 3.3.15 所示。有读者反映创建失败，原因是 Volume Name 中出现了点（.）或下画线（_）等非法字符。

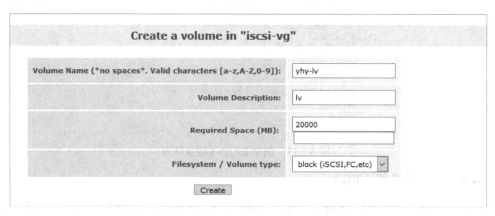

图 3.3.15　创建逻辑卷（LV）

至此，iSCSI 磁盘创建完毕。单击"Manage Volumes"按钮，可以查看刚才创建的逻辑卷 LUN，在创建逻辑卷 LUN 的时候可以选择需要的大小，而不是选择整个卷组，openfiler 对磁盘的灵活性体现出来了，一个卷组可以划分多个逻辑卷 LUN，卷组本身也可以来自多个物理磁盘。

第 10 步：开启 iSCSI Target Server 服务。

单击"Services"选项卡，将 iSCSI Target 的"Boot Status"设置为"Enabled"，"Current Status"设置为"Running"，如图 3.3.16 所示。

图 3.3.16 开启 iSCSI Target Server 服务

第 11 步：添加 iSCSI Target。

先单击"Volumes"选项卡，然后单击右侧的"iSCSI Targets"，最后单击"Add"按钮，添加一个 iSCSI Target，如图 3.3.17 所示。

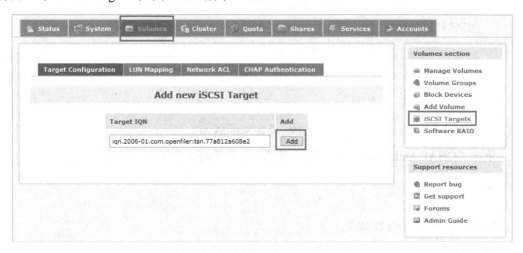

图 3.3.17 添加一个 iSCSI Target

第 12 步：关联 Target。

单击导航栏下方的"LUN Mapping"，可以看到之前划分出来可用于挂载的逻辑卷 LUN，将这个逻辑卷 Map 至该 Target。保持默认选项，单击"Map"按钮即可，如图 3.3.18 所示。

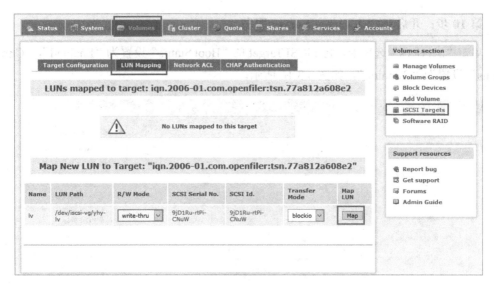

图 3.3.18　关联 Target

第 13 步：设置 Network ACL。

单击"Network ACL"，可以设置允许访问或拒绝访问的网段，在"Access"选项下选择"Allow"，将允许 192.168.2.0/255.255.255.0 所在网段的主机访问，单击"Update"按钮，如图 3.3.19 所示。

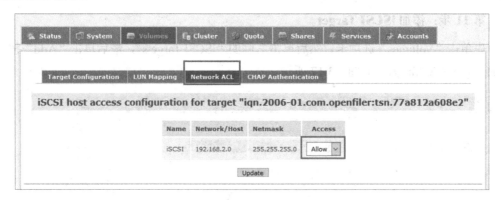

图 3.3.19　设置 Network ACL

单击"CHAP Authentication"，添加可以访问此 Target 的用户（可选）。

 注意：

Block Device——物理磁盘。

Physical Volume——物理磁盘分区，是组成 Volume Group 的单元。

Volume Group——由一个或多个物理磁盘分区组成，是组成 Logical Volume 的单元。

RAID Array Member——用作 RAID 的一块单独"硬盘"。

至此，openfiler 存储服务器安装配置完成，本任务结束。

任务 3.4　挂载 iSCSI 网络存储器到 ESXi 主机

 **任务说明**

扫一扫，看微课

在任务 3.2 和任务 3.3 中，我们分别搭建了 StarWind iSCSI 存储服务器及 openfiler 存储服务器，搭建好的存储服务器等待应用服务器的连接，在此任务中，我们使用任务 3.2 中的 StarWind iSCSI 存储服务器作为存储服务器，配置 ESXi 主机的连接。

任务实施

第 1 步：配置 ESXi 主机的虚拟网络。

① 关闭 ESXi 主机，为 ESXi 主机添加一张网络连接到 VMnet3 模式的网卡，用于与存储服务器连接通信，如图 3.4.1 所示。

图 3.4.1　ESXi 主机配置

② 开启 ESXi 主机并使用 vSphere Host Client 进行连接，选中 ESXi 主机左侧的"网络"，切换到"物理网卡"选项卡，可以看到 ESXi 主机识别出了两块网卡 vmnic0 和 vmnic1，

如图 3.4.2 所示。

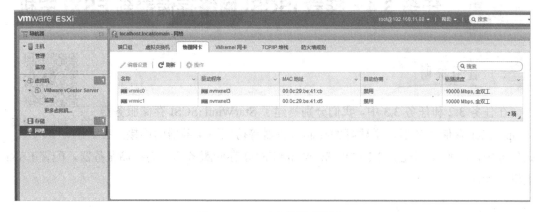

图 3.4.2　ESXi 主机物理网卡

③ 添加标准虚拟交换机。切换到"虚拟交换机"选项卡，单击"添加标准虚拟交换机"按钮，如图 3.4.3 所示，在"vSwitch 名称"处输入新添加的标准虚拟交换机"iSCSI"，意为连接存储之用，"上行链路 1"选择"vmnic1-启动"，其他选项保持默认，单击"添加"按钮，完成标准虚拟交换机的添加。

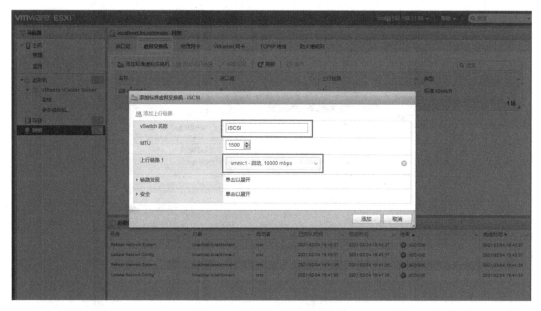

图 3.4.3　添加标准虚拟交换机

④ 添加端口组。切换到"端口组"选项卡，单击"添加端口组"按钮，如图 3.4.4 所示，在"名称"处输入新添加的端口组"iSCSI 存储"，意为连接存储之用，"虚拟交换机"选择"iSCSI"，其他选项保持默认，单击"添加"按钮，完成端口组的添加。

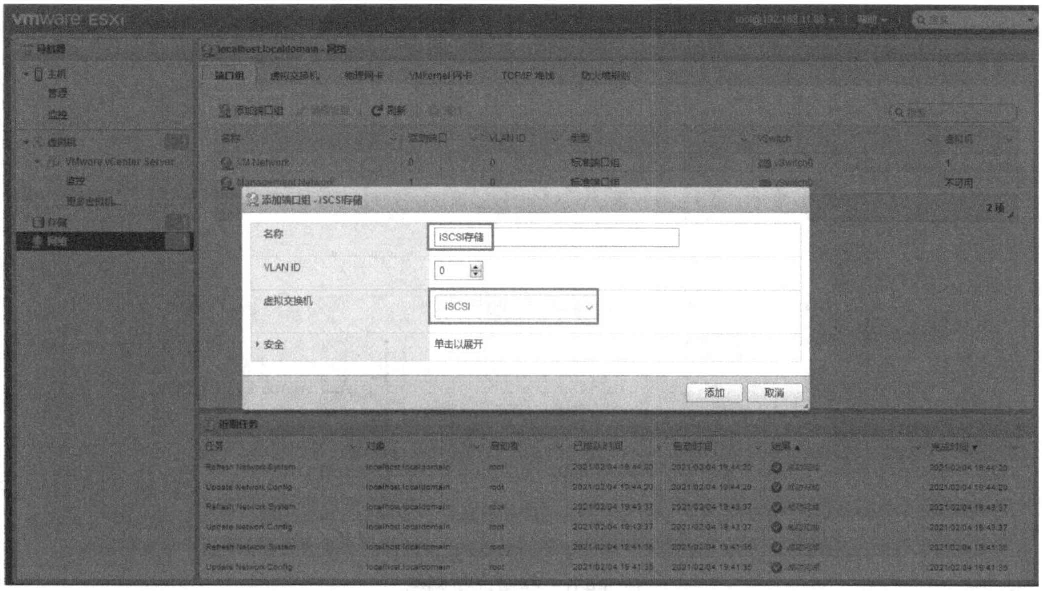

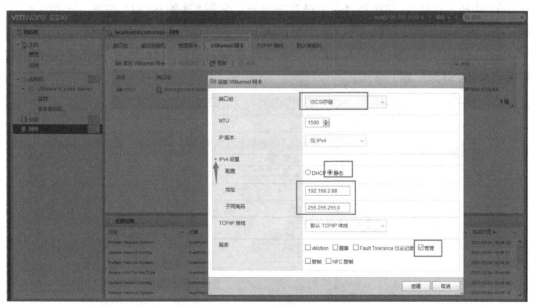

图 3.4.4　添加端口组

⑤ 添加 VMkernel 网卡。切换到"VMkernel 网卡"选项卡，单击"添加 VMkernel 网卡"按钮，如图 3.4.5 所示，在"端口组"的下拉菜单中选择"iSCSI 存储"端口组，在"IPv4 设置"选项组选择"静态"单选按钮，输入"地址"为"192.168.2.88"，子网掩码为"255.255.255.0"，与任务 3.2 配置的存储 IP 地址对应，"TCP/IP 堆栈"选择"默认 TCP/IP 堆栈"，"服务"勾选"管理"复选框即可。单击"创建"按钮，完成 VMkernel 网卡的添加。

图 3.4.5　添加 VMkernel 网卡

⑥ 查看"iSCSI 存储"端口组，图 3.4.6 所示为配置完成后的存储虚拟网络。

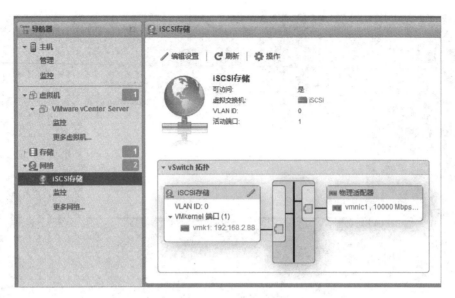

图 3.4.6　存储虚拟网络

从图 3.4.6 中可以看到，存储网络（iSCSI）关联虚拟交换机 vSwitch，上联端口为 ESXi 主机物理网卡 vmnic1；管理网络、虚拟机网络、iSCSI 存储网络实现了物理隔离。

在实际环境中，ESXi 主机的两块网卡可以连接第 2 台交换机，实现物理隔离；也可以连接到一台交换机的不同 VLAN，实现逻辑隔离。

第 2 步：配置 ESXi 主机的 iSCSI 适配器。

① 选择"存储"，切换到"适配器"选项卡，单击"软件 iSCSI"按钮，如图 3.4.7 所示，在"网络端口绑定"后单击"添加端口绑定"，选择"vmk1"iSCSI 存储端口组，单击"添加动态目标"，在地址栏输入 iSCSI 存储器的 IP 地址"192.168.2.1"，单击"保存配置"按钮完成 iSCSI 适配器的添加。

图 3.4.7　添加软件 iSCSI 适配器

② 如图 3.4.8 所示，已经将 vmk1 端口 iSCSI 绑定到 iSCSI 软件适配器。

图 3.4.8　查看 iSCSI 适配器

第 3 步：为 ESXi 主机添加 iSCSI 存储。

① 选择"存储"，切换到"数据存储"选项卡，单击"新建数据存储"按钮，如图 3.4.9 所示，单击"下一页"按钮。

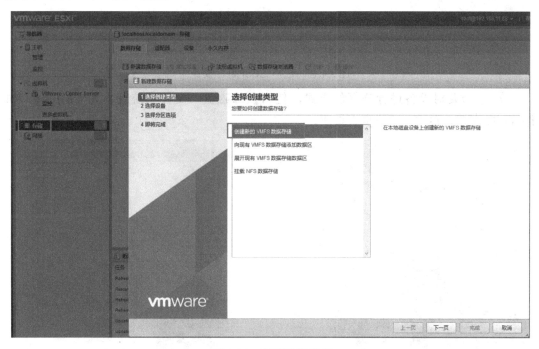

图 3.4.9　新建数据存储

② 选择设备，输入数据存储名称"iSCSI-Starwind"，选中下方可用于创建新的 VMFS 数据存储的设备，如图 3.4.10 所示，单击"下一页"按钮。

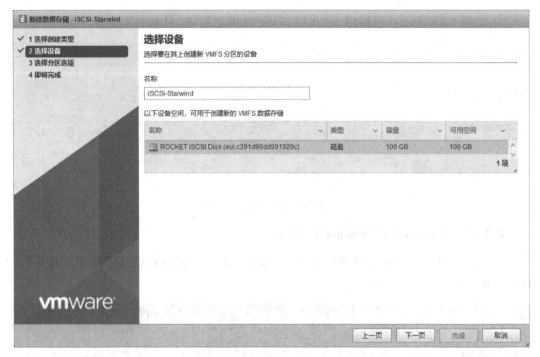

图 3.4.10　选择 iSCSI 目标设备

③ 选择要对设备进行分区的方式，使用全部磁盘，文件系统版本为 VMFS 6，如图 3.4.11 所示，单击"下一页"按钮。

图 3.4.11　选择分区选项

④ 完成新建数据存储，因为 iSCSI 硬盘是空白的，所以将创建新分区，如图 3.4.12 所示，单击"完成"按钮。

图 3.4.12　完成新建数据存储

⑤ 弹出如图 3.4.13 所示对话框，单击"是"按钮，确认警告信息。

图 3.4.13　确认警告信息

⑥ 确认警告信息后，开始创建 VMFS 数据存储。已经添加好的 iSCSI 存储如图 3.4.14 所示。

图 3.4.14　已经添加好的 iSCSI 存储

第 4 步：使用 iSCSI 共享存储。

使用 iSCSI 共享存储的方法与使用 ESXi 本地存储的方法相同。以下为创建新虚拟机时选择使用 iSCSI 存储的过程。

① 新建虚拟机 win10，如图 3.4.15 所示。

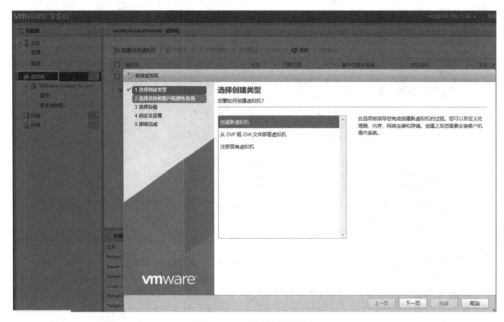

图 3.4.15　新建虚拟机

② 选择名称和客户机操作系统。输入虚拟机的名称，这里将在虚拟机中安装 Windows 10 操作系统，"兼容性"选择"ESXi 7.0 U1 虚拟机"，"客户机操作系统系列"选择"Windows"，"客户机操作系统版本"选择"Microsoft Windows 10（64 位）"，如图 3.4.16 所示。

图 3.4.16　选择名称和客户机操作系统

③ 在选择目标存储时，指定将虚拟机保存在 iSCSI-Starwind（1）存储中，如图 3.4.17 所示。

图 3.4.17 选择目标存储

④ 设置虚拟磁盘的大小，指定置备方式为"精简置备"，如图 3.4.18 所示。

图 3.4.18 设置虚拟磁盘的大小和置备方式

⑤ 图 3.4.19 所示为 iSCSI 存储中新创建的虚拟机文件。

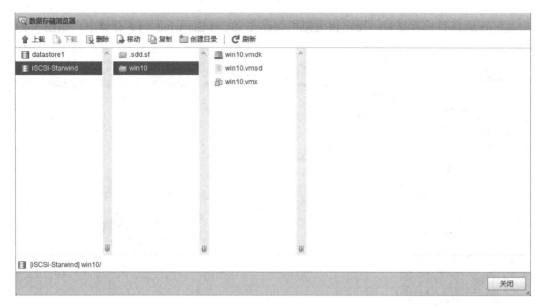

图 3.4.19　iSCSI 存储中的文件

将虚拟机文件保存在 iSCSI 存储上后，虚拟机的硬盘就不在 ESXi 主机上保存了。这样，虚拟机的 CPU、内存等硬件资源在 ESXi 主机上运行，而虚拟机的硬盘则保存在网络存储上，实现了计算、存储资源的分离。接下来的项目中涉及的 vSphere vMotion、vSphere DRS、vSphere HA 和 vSphere FT 等高级特性都需要网络共享存储才能实现。

至此，Starwind 的 iSCSI 网络存储已经挂载到 ESXi 主机，此任务结束。

项目 4　部署与应用 vCenter Server

VMware vCenter Server 是 vSphere 虚拟化架构的中心管理工具，使用 vCenter Server 可以集中管理多台 ESXi 主机及其虚拟机，vCenter Server 允许管理员以集中方式部署、管理和监控虚拟基础架构，并实现自动化和安全性。

在前面的几个项目中，我们已经使用 VMware ESXi 7.0 搭建了服务器虚拟化测试环境，基本掌握了安装 VMware ESXi、配置 vSphere 虚拟网络、配置 iSCSI 共享存储、创建虚拟机的方法，但是使用 vSphere Host Client 只能管理单台的 ESXi 主机，实现的功能非常有限，为了建设完整的 VMware vSphere 虚拟化架构，需要一台单独的服务器安装 vCenter Server，以管理多台 ESXi 主机，为实现 vSphere DRS、HA、FT 等功能做准备。在项目 2 的图 2.1.3 中，也较清晰地反映了管理 ESXi 主机的两种途径。

vCenter Server 有两种不同的版本：一种是基于 Windows Server 的应用程序；另一种是基于 Linux 的虚拟设备，称为 vCenter Server Appliance（简称 vCSA）。

但在 ESXi 7.0 中不再提供 Windows 版本的 vCenter Server。在 vSphere 6.7 发行说明中就已经提到这种情况，vCenter Server 7.0 支持从 6.5、6.7 升级，vCenter Server 7.0 需要运行在 ESXi 6.5 或更高版本的 ESXi 主机中。接下来介绍 vCenter Server Appliance 的部署与应用，以及 vCenter Server 最基本的应用管理。

任务 4.1　部署 vCSA

扫一扫，看微课

任务说明

基于 Linux 的 vCSA 是通过 OVF 方式部署的，安装过程比较简单。

要安装 Linux 版本的 vCenter 需要先在主机安装 ESXi 主机，vCenter 的数据可以暂时存放在主机存储里边，在共享存储配置好后，再将数据迁移至共享存储。要注意的是，vCSA 7.0 的部署环境要求 ESXi 主机的磁盘空间至少大于 300GB，具有 2 个 vCPUs 和 12GB 内存。

任务分析

把 OVF 模板部署好后，相当于上传了一台安装好 vCenter Server 的 SUSE Linux 虚拟机，任务设计拓扑如图 4.1.1 所示，这台虚拟机是常规通用配置，必须针对当前环境进行适当配置后才能使用。在此任务中，将详细介绍 vCSA 的部署，并给部署的系统配置 IP 地址、设置 SSO 密码、配置数据库等。

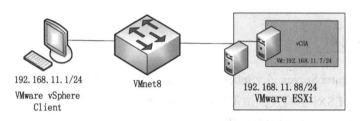

图 4.1.1　安装 ESXi 服务器实验拓扑

相关知识

常见的虚拟磁盘格式包括 VMDK、VHD（Virtual Hard Disk，微软 Hyper-V 使用）、RAW（裸格式）和 QCOW2（QEMU Copy-On-Write v2，Linux KVM 使用）等。

开放虚拟化格式（Open Virtualization Format，OVF）是描述虚拟机配置的标准格式，包括虚拟硬件设置、先决条件和安全属性等元数据。OVF 最初由 VMware 公司提出，目的是方便各种虚拟化平台之间的互操作。OVF 由以下文件组成：

OVF：一个 XML 文件，包含虚拟磁盘等虚拟机硬件的信息。

MF：一个清单文件，包含各文件的 SHA1 值，用于验证 OVF 等文件的完整性。

VMDK：VMware 虚拟磁盘文件，也可以使用其他格式的文件，从而提供虚拟化平台的互操作性。

为了简化 OVF 文件的移动和传播，还可以使用 OVA（Open Virtualization Appliance）文件。OVA 文件实际上是将 OVF、MF、VMDK 等文件使用 tar 格式进行打包，并将打包后的文件后缀改为 OVA 得来的。

VMware vCenter Server Appliance 就是以 OVF 格式发布的。vCenter Server Appliance 是一个预包装的 64 位 SUSE Linux Enterprise Server，包含一个嵌入式数据库，能够支持最多 100 台 ESXi 主机和最多 3000 个 VM。vCenter Server Appliance 也可以连接到外部 Oracle 数据库，以支持更大规模的虚拟化基础架构。

使用 vCenter Server Appliance 不需要购买 Windows Server 许可证，从而降低了成本。

vCenter Server Appliance 的部署操作也比 Windows 版的 vCenter Server 简单得多。vCenter Server Appliance 的日常使用方法与 Windows 版的 vCenter Server 完全相同。

下面将在 ESXi 主机 192.168.11.88 上部署 VMware vCenter Server Appliance 的 OVF 模板，并安装 VMware vCenter Server Appliance（ESXi 主机的内存至少需要 13GB）。

第 1 步：运行安装程序。

下载 VMware-vCSA-all-7.0.1-16860138 文件，用虚拟光驱挂载或解压运行，本地系统以 Windows 10 虚拟光驱挂载为例，找到 vcsa-ui-installer 文件夹下的 win32 文件夹（vcsa-ui-installer/win32/installer.exe），双击"installer.exe"，打开的界面如图 4.1.2 所示。

图 4.1.2　vCSA 的安装程序路径

第 2 步：切换安装语言。

安装默认是英文引导安装，在安装程序的右上角的下拉菜单中选择"简体中文"，如图 4.1.3 所示，单击左侧的"安装"按钮，开始安装新的 vCenter Server。vCSA 7.0 版本同时提供其他选项。

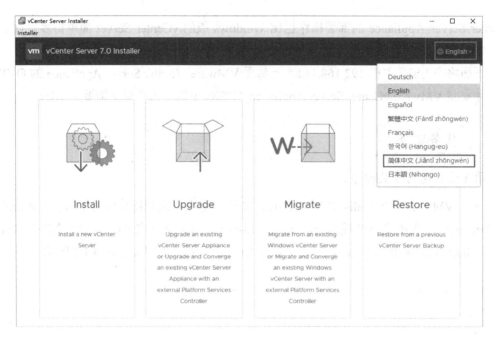

图 4.1.3　切换安装语言

提示安装分为两个阶段，单击"部署 vCenter Server"开始第 1 阶段的部署，如图 4.1.4 所示。

图 4.1.4　简介

第 3 步：勾选"我接受许可协议条款"复选框。

阅读可滚动窗口中显示的许可协议条款，如果你同意遵守这些条目，勾选"我接受许可协议条款"复选框，单击"下一步"按钮，如图 4.1.5 所示；如果你不接受许可协议条款，则不允许继续安装。如果单击"取消"按钮，则安装向导将停止。

图 4.1.5　最终用户许可协议

第 4 步：指定 vCSA 部署到 ESXi 主机。

配置 vCenter Server 部署目标，"ESXi 主机名或 vCenter Server 名称"输入 ESXi 7.0 主机的 IP 地址"192.168.11.88"（如果没有做 DNS，就不要输入 FQDN 名称，输入其 IP 地址即可）；输入 ESXi 7.0 主机的用户名与密码，单击"下一步"按钮，如图 4.1.6 所示。

图 4.1.6　指定 vCSA 部署到 ESXi 主机

在弹出的"证书警告"对话框中单击"是"按钮，确认证书警告信息，如图 4.1.7 所示。

图 4.1.7　证书警告

第 5 步：设置 vCenter Server 虚拟机。

配置 vCSA 7.0 虚拟机名称及 root 密码，如图 4.1.8 所示，密码要求相对较高，需要 8～20 个字符，4 种字符都要包含。这里的密码是登录 vCenter Server 控制台的 root 密码。

图 4.1.8　设置 vCenter Server 虚拟机

第 6 步：选择部署大小。

根据实际情况选择部署大小，如图 4.1.9 所示，在此采用默认设置，"部署大小"选择"微型"，"存储大小"选择"默认"，单击"下一步"按钮。

图 4.1.9 选择部署大小

第 7 步：选择数据存储。

选择合适的存储，此处勾选"启用精简磁盘模式"复选框，如图 4.1.10 所示，单击"下一步"按钮。

图 4.1.10 选择数据存储

第 8 步：配置网络设置。

配置 vCSA 7.0 虚拟机网络，此处给此虚拟机分配的 IP 地址为"192.168.11.7"，如图 4.1.11 所示，单击"下一步"按钮。

图 4.1.11　配置网络设置

第 9 步：确认与开始第 1 阶段配置。

配置的信息如图 4.1.12 所示，确认第 1 阶段参数，如果有问题，则返回上一步操作重新配置。单击"完成"按钮开始第 1 阶段部署，如图 4.1.13 所示。

图 4.1.12　确认第 1 阶段配置

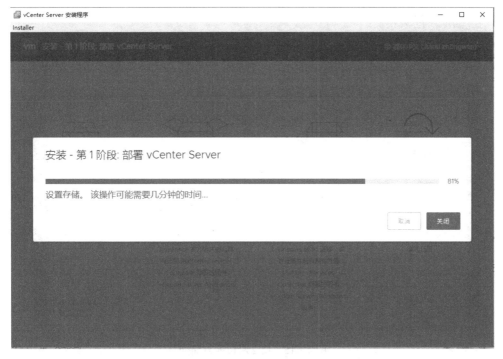

图 4.1.13 开始第 1 阶段部署

部署时间取决于物理服务器性能，在部署的过程中，vCSA 7.0 虚拟机的电源会打开，部署到 80%左右时，就可以 ping 通这台虚拟机。

第 10 步：完成第 1 阶段部署，开始第 2 阶段部署。

第 1 阶段部署成功后界面如图 4.1.14 所示，单击"继续"按钮，开始第 2 阶段部署。

图 4.1.14 完成第 1 阶段部署

第 11 步：第 2 阶段配置简介。

第 2 阶段配置简介如图 4.1.15 所示，单击"下一步"按钮开始配置。

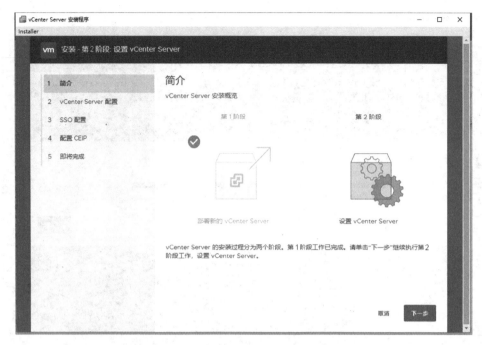

图 4.1.15　第 2 阶段配置简介

第 12 步：vCenter Server 配置。

单击"下一步"按钮后，出现图 4.1.16 所示配置，"时间同步模式"选择"与 ESXi 主机同步时间"，此处默认"禁用"SSH 访问，因为如果后期启用 HA，就必须启用 SSH。

图 4.1.16　vCenter Server 配置

第 13 步：配置 SSO 参数。

配置 SSO 域名，以便 Web 浏览器登录，因为前期没有做 DNS 解析，所以此处输入默认的 "vsphere.local"；输入 SSO 密码与确认密码，密码必须符合复杂度要求，如图 4.1.17 所示。

图 4.1.17　配置 SSO 参数

第 14 步：配置 CEIP

确认是否加入 CEIP，如图 4.1.18 所示，勾选 "加入 VMware 客户体验提升计划（CEIP）" 复选框，单击 "下一步" 按钮。

图 4.1.18　配置 CEIP

第 15 步：确认参数。

配置信息如图 4.1.19 所示，如果有问题，则返回上一步操作重新配置。

图 4.1.19　确认参数

弹出安全警告，单击"确定"按钮，如图 4.1.20 所示。注意：我在这个过程中手动停了 ESXi 主机，所以第 2 阶段就没有办法继续，只能重新安装第 1 阶段再继续第 2 阶段。所以在此阶段不要中止操作。

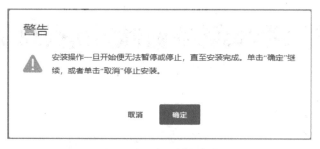

图 4.1.20　确认警告信息

第 16 步：确定开始第 2 阶段部署。

部署时间取决于物理服务器性能，第 2 阶段部署完成的界面如图 4.1.21 所示。

图 4.1.21　第 2 阶段部署完成

在本任务中，实际是在 ESXi 7.0（192.168.11.88）主机上上传一台虚拟机（vCSA），IP 地址配置成了"192.168.11.7"，用户名设置成了"administrator"，密码即配置 SSO 参数时设置的密码。至此，vCSA 部署配置完毕，本任务结束。

 任务 4.2　管理 ESXi 主机

扫一扫，看微课

任务 4.1 介绍了 Linux 版 VMware vCenter Server 的安装与配置方法，本任务将使用 VMware vCenter Server 管理 ESXi 主机。

任务分析

本节内容主要包括创建数据中心、添加 ESXi 主机。

相关知识

数据中心是在一个特定环境中使用的一组资源的逻辑代表。一个数据中心由逻辑资源（集群和主机）、网络资源和存储资源组成。一个数据中心可以包括多个集群（每个集群可以包括多个主机），以及多个与其相关联的存储资源。数据中心中的每个主机可以支持多个虚拟机。

一个 vCenter Server 实例可以包含多个数据中心，所有数据中心都通过同一个 vCenter Server 统一进行管理。下面将使用 vSphere Client 客户端在 vCenter Server 中创建数据中心。vSphere Web 客户端支持的浏览器包括 Internet Explorer、Firefox、Chrome 等，浏览器需要安装 Adobe Flash 插件。从 VMware 6.5 开始，VMware vSphere ESXi 取消了 Client 登录访问，只可以通过浏览器访问。

 任务实施

第 1 步：登录 vCenter Server。

① 在浏览器中直接输入"https://192.168.11.7"，进入 vCenter 管理中心，可以添加 ESXi 主机等各种高级操作。vCSA 7.0 只提供 HTML5 访问，原来的 vSphere Web Client 已经不再提供。图 4.2.1 所示是 vCenter 7.0 的登录界面。

图 4.2.1　启动 vSphere Client 界面

② 单击"启动 VSPHERE CLIENT（HTML5）"按钮，进入 vCenter Server 的登录界面。在此界面登录后可以进行 vCenter Server 的基本配置，如图 4.2.2 所示。

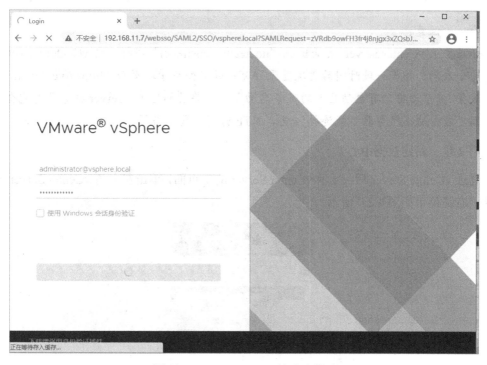

图 4.2.2　vCenter Server 的登录界面

③ 输入管理员账户，用户名为 "administrator@vsphere.local"，密码为安装 vCenter Single Sign On 时设置的密码，登录到 vCenter Server，如图 4.2.3 所示。

图 4.2.3　登录到 vCenter Server

　注意：

经过测试，Firefox 浏览器对 vSphere Client 客户端的支持最好，其他浏览器虽然也能使用，但可能会出现用户界面变成英文、鼠标右键无法使用、右键菜单与 Flash 菜单冲突等问题。

注意：

如果登录 vCenter Server 页面出现"no healthy upstream"字样，则 vCenter Server 服务没有完全启动，稍等一段时间后再次登录即可；或者登录管理页面"https://vc_ip:548"，找到"服务"，手动将没有自动启动的服务启动即可。导致 vCenter Server 服务没有完全启动的原因可能是域名服务器不能连接，或者 NTP 时间配置不当等。

第 2 步：新建数据中心。

登录 vCenter Server 后，显示 vCenter Server 的主页面，单击左上角 vCenter Server 的 IP 地址，右键菜单如图 4.2.4 所示。

图 4.2.4　右键菜单

选择"新建数据中心"命令，设置数据中心"名称"为"Datacenter"，如图 4.2.5 所示。

图 4.2.5　输入数据中心名称

第 3 步：添加主机。

为了让 vCenter Server 管理 ESXi 主机，必须先将 ESXi 主机添加到 vCenter Server。将一个 ESXi 主机添加到 vCenter Server 时，会自动在 ESXi 主机上安装一个 vCenter 代理，vCenter Server 通过这个代理与 ESXi 主机通信。选中数据中心"Datacenter"，右击，在弹出的快捷菜单中选择"添加主机"命令，如图 4.2.6 所示。

图 4.2.6　添加主机

第 4 步：为主机设置名称和位置信息。

输入 ESXi-1 主机的域名"192.168.11.88"，如图 4.2.7 所示。

图 4.2.7　输入 ESXi-1 主机的域名

第 5 步：输入 ESXi 主机的用户名和密码。

输入 ESXi 主机的用户名和密码，如图 4.2.8 所示。

图 4.2.8　输入 ESXi 主机的用户名和密码

显示 ESXi 主机的摘要信息，包括名称、供应商、型号、版本和虚拟机列表，如图 4.2.9 所示。

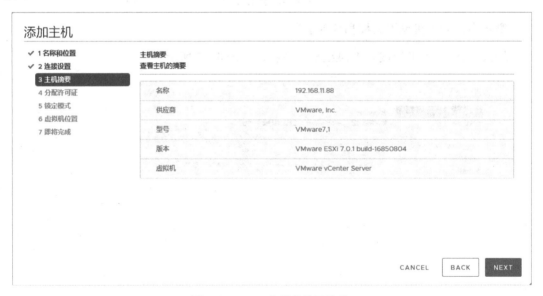

图 4.2.9　ESXi 主机的摘要信息

第 6 步：为 ESXi 主机分配许可证。

如图 4.2.10 所示，如果不分配许可证，可以使用 60 天。

图 4.2.10　为 ESXi 主机分配许可证

第 7 步：设置是否启用锁定模式。

如果启用锁定模式，管理员就不能够使用 vSphere Host Client 客户端直接登录到 ESXi 主机，只能通过 vCenter Server 对 ESXi 主机进行管理。在这里选择"禁用"模式，如图 4.2.11 所示。

图 4.2.11　不启用锁定模式

选择虚拟机的保存位置为数据中心"Datacenter"，如图 4.2.12 所示。配置信息如图 4.2.13 所示。

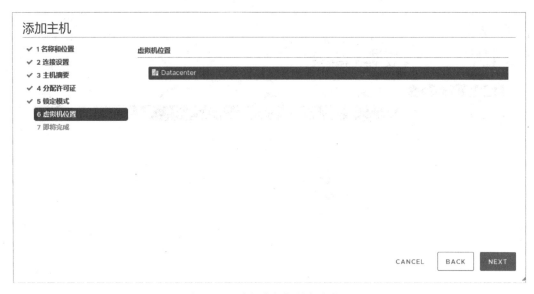

图 4.2.12　选择虚拟机的保存位置

图 4.2.13　确认配置信息

第 8 步：添加另外的 ESXi 主机。

使用相同的步骤添加另一台 ESXi 主机"192.168.11.99"。在图 4.2.14 中，两台 ESXi 主机都已经添加到 vCenter Server。

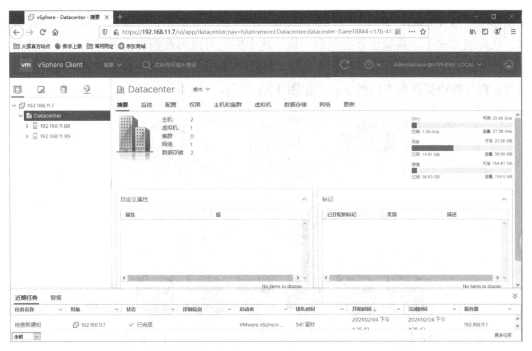

图 4.2.14　添加另一台 ESXi 主机

至此，我们添加了两台 ESXi 主机到 vCenter Server，这两台 ESXi 主机已经可以通过 vCenter Server 管理了。

任务 4.3　配置共享存储

扫一扫，看微课

在任务 3.2 和任务 3.3 中，我们已经建好了两种类型的 iSCSI 共享存储服务器，在任务 3.4 中介绍了怎样把 iSCSI 存储器挂载到 ESXi 主机中使用，本任务与任务 3.4 类似，但是通过 vCenter Server 把 ESXi 主机（192.168.11.88）连接到 iSCSI 共享存储服务器上。

任务分析

本节内容主要包括在 vCSA 中新建存储网络，以及挂载共享存储。

相关知识

要充分发挥 vSphere 的性能与功能，为服务器配置共享存储是必须的。vSphere 的许多高级功能（如 vMotion、DRS、DPM、HA、FT）都需要共享存储才能实现。为什么这么说？

在规划与使用 vSphere 数据中心时，首先要明白一个重要原则，即虚拟机的运行与存储分离。在传统方式下，系统运行在某个主机，这个应用对应的数据也会保存在这个主机上，即应用与数据一体。而在高可用的虚拟化环境中，遵循的是应用与数据分离的原则，即应用与数据分散或保存在不同的主机，如图 4.3.1 所示。

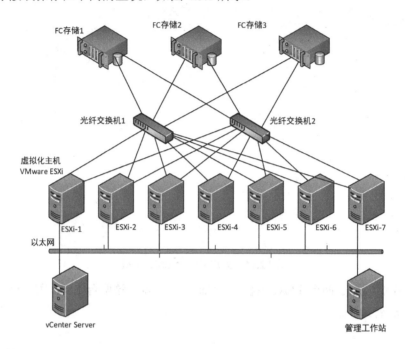

图 4.3.1　vSphere 数据中心架构图

图 4.3.1 中有 1 个 vCenter Server（可以是物理机，推荐运行在 ESXi 虚拟机中），其管理 7 台 ESXi 主机及 3 个使用光纤连接的存储。在这个拓扑中，数据中心中的虚拟机运行在 7 台 ESXi 主机中的某台上，但这些虚拟机的数据文件会保存在某个存储上，例如，保存在 FC 存储 1 上。在 vSphere 7.0 及以前的版本中，这是主要的架构，虚拟机都保存在共享存储上。采用这个架构的优点是：为正在运行的虚拟机在不同主机之间快速迁移提供了较好的响应速度。例如，某个虚拟机 VM1 运行在 ESXi-1 这台主机上，虚拟机保存在 FC 存储 1 的共享存储上，VM1 所在的主机突然死机，如果启用了 HA（集群），则 VM1 会在 ESXi-2～ESXi-7 的某台主机自动重新启动。如果 VM1 启用的是"容错（FT）"，那么当 VM1 所在的主机突然出现问题时，VM1 的副本会立刻接管（VM1 的副本运行在数据中心的某台主机上）。

使用共享存储的一个明显的优点就是为虚拟机的快速迁移、故障再生提供快速的迁移能力，因为虚拟机的数据保存在共享存储上。对于正常的迁移，如 VM1 要从 ESXi-1 迁移到 ESXi-7，即使 VM1 正在运行，vCenter Server 只要将 ESXi-1 上运行的"内存"状态迁移到 ESXi-7，将虚拟机从 ESXi-1 上取消注册，在 ESXi-7 上重新注册，就可以在 ESXi-7 上恢复 VM1 的运行状态。这可以实现不中断现有业务进行系统的快速迁移。

第 1 步：添加主机网络。

① 登录 vCenter Server，选中 ESXi 主机 "192.168.11.88"，选择 "配置" → "网络" → "虚拟交换机" 命令，单击 "添加网络" 按钮，如图 4.3.2 所示。

图 4.3.2 添加主机网络

② 选择 "VMkernel 网络适配器" 单选按钮，如图 4.3.3 所示。

图 4.3.3 选择连接类型

③ 选择"新建标准交换机"单选按钮，如图 4.3.4 所示。

图 4.3.4　新建标准交换机

④ 单击"添加适配器"按钮，如图 4.3.5 所示。

图 4.3.5　添加适配器

⑤ 选中 ESXi 主机的网络适配器 vmnic1，如图 4.3.6 所示。

图 4.3.6　添加网络适配器

⑥ 设置 VMkernel 端口的"网络标签"为"iSCSI"，在"可用服务"列表中不需要启用任何服务，如图 4.3.7 所示。

图 4.3.7　设置端口属性

⑦ 设置 VMkernel 端口的 IP 地址与 iSCSI 存储器为同一网段的 IP 地址，如 192.168.2.88，子网掩码为 255.255.255.0，如图 4.3.8 所示。

图 4.3.8　设置 IP 地址和子网掩码

完成添加 VMkernel 端口。单击"NEXT"按钮，完成网络的添加。

第 2 步：配置存储适配器。

① 选中 ESXi 主机"192.168.11.88"，选择"配置"→"存储"→"存储适配器"命令，单击"添加软件适配器"按钮，选择"软件 iSCSI 适配器"，如图 4.3.9 所示。

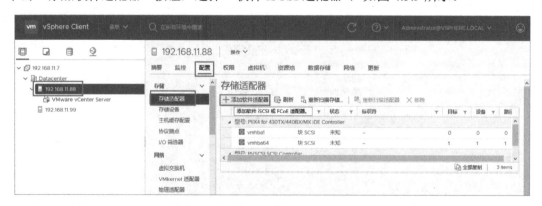

图 4.3.9　添加"软件 iSCSI 适配器"

打开"添加软件适配器"配置页面，选择"添加软件 iSCSI 适配器"单选按钮，如图 4.3.10 所示。单击"确定"按钮。

图 4.3.10　选择"添加软件 iSCSI 适配器"单选按钮

② 选中 iSCSI 软件适配器"vmhba65", 选择"网络端口绑定", 单击"添加"按钮, 如图 4.3.11 所示。

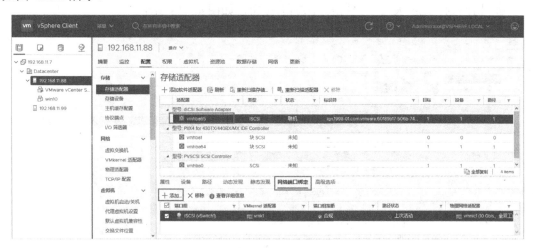

图 4.3.11　网络端口绑定

③ 选中 VMkernel 端口 iSCSI, 单击"确定"按钮, 如图 4.3.12 所示。

图 4.3.12　选中 VMkernel 端口

④ 切换到"动态发现"，单击"添加"按钮，如图 4.3.13 所示。

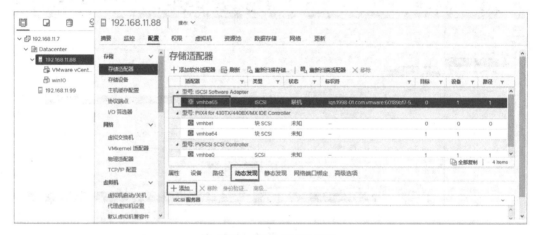

图 4.3.13　添加 iSCSI 目标

⑤ 输入 iSCSI 目标服务器的 IP 地址，在这里为任务 3.2 中虚拟网卡的 IP 地址 192.168.2.1，如图 4.3.14 所示。

图 4.3.14　输入 iSCSI 目标服务器的 IP 地址

⑥ 单击"重新扫描主机上的所有存储适配器以发现新添加的存储设备和/或 VMFS 卷",选中"扫描新的存储设备"和"扫描新的 VMFS 卷"复选框,单击"确定"按钮,如图 4.3.15 所示。

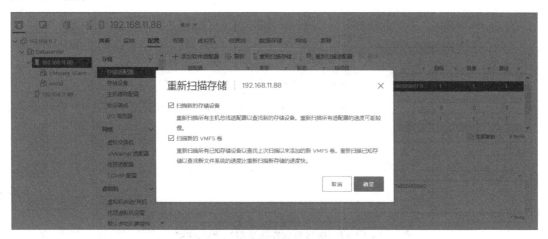

图 4.3.15　确认重新扫描主机上的所有存储适配器

第 3 步:新建数据存储。

① 右击主机"192.168.11.88",在弹出的快捷菜单中选择"存储"→"新建数据存储"命令,如图 4.3.16 所示。

图 4.3.16　新建数据存储

开始在主机 192.168.11.88 上创建新的数据存储。

② 选择数据存储类型为"VMFS"，如图 4.3.17 所示。

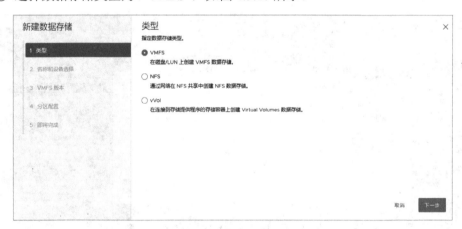

图 4.3.17　选择数据存储类型为"VMFS"

③ 设置"名称"为"iSCSI-Starwind"，选中 iSCSI 目标的 LUN "ROCKET iSCSI Disk"，如图 4.3.18 所示。

图 4.3.18　输入数据存储名称

④ 选择文件系统 "VMFS 6"，如图 4.3.19 所示。

图 4.3.19　选择 VMFS 版本

⑤ 选择 "使用所有可用分区" 选项，如图 4.3.20 所示。

图 4.3.20　使用所有可用分区

⑥ 完成新建数据存储。

第 4 步：配置 ESXi 主机 192.168.11.99。

按照之前讲述的方法为 ESXi 主机 192.168.11.99 配置虚拟网络，并添加存储适配器，连接到 iSCSI 存储 iSCSI-Starwind。以下为不同的配置。

配置 VMkernel 端口 iSCSI 的 IP 地址为 "192.168.2.99"，子网掩码为 "255.255.255.0"，如图 4.3.21 所示。

图 4.3.21 配置 IP 地址和子网掩码

重新扫描存储适配器后，不需要创建新存储，系统会自动添加 iSCSI 存储，如图 4.3.22 所示。

图 4.3.22 ESXi 主机的数据存储

至此，ESXi 主机已经连接到 iSCSI 存储上，共享存储配置完毕。

任务 4.4　创建虚拟机

扫一扫，看微课

任务说明

在 vCenter Server 控制台中创建虚拟机与在 VMware Workstation 中创建虚拟机类似，主要步骤通过单击鼠标即能实现。

任务分析

在 vCenter Server 中创建虚拟机之前，建议将操作系统安装光盘的 ISO 镜像文件上传到共享存储器中，方便随时调用。下面将把 Windows Server 2016 的安装光盘 ISO 文件上传到 iSCSI 存储中，创建新的虚拟机，并将虚拟机保存在 iSCSI 共享存储中。在虚拟机中安装 Windows Server 2016 操作系统，并为虚拟机创建快照。

相关知识

虚拟机（Virtual Machine，VM）是一个可在其上运行受支持的客户操作系统和应用程序的虚拟硬件集，由一组离散的文件组成。虚拟机包括虚拟硬件和客户操作系统两部分：虚拟硬件由虚拟 CPU（vCPU）、内存、虚拟磁盘、虚拟网卡等组件组成；客户操作系统是安装在虚拟机上的操作系统。虚拟机封装在一系列文件中，这些文件包含了虚拟机中运行的所有硬件和软件的状态。

任务实施

第 1 步：上传操作系统 ISO 镜像文件。

① 单击 vCenter→"存储器"→"文件"菜单，选中 iSCSI-Starwind，选择"新建文件夹"，如图 4.4.1 所示。

图 4.4.1　创建新的文件夹

② 输入文件夹名称"ISO"。

③ 选择 ISO 文件夹，单击"上载文件"按钮，浏览要上传的文件，即可将文件上传到 ISO 目录。上传过程如图 4.4.2 所示。

图 4.4.2　将文件上传到数据存储

④ 文件上传完毕，如图 4.4.3 所示。

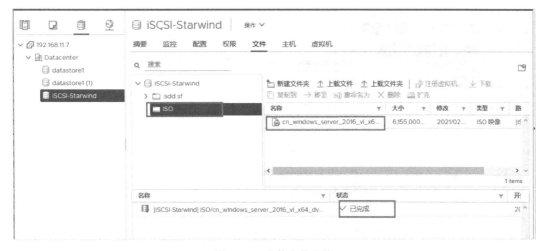

图 4.4.3　文件上传完毕

第 2 步：配置虚拟机网络。

① 选中 ESXi 主机 192.168.11.88，选择"配置"→"网络"→"虚拟交换机"命令，单击"添加网络"按钮，如图 4.4.4 所示。

图 4.4.4　添加网络

② 选择"标准交换机的虚拟机端口组"单选按钮，如图 4.4.5 所示。

图 4.4.5　选择连接类型

③ 单击"NEXT"按钮，在"选择目标设备"页面选择"选择现有标准交换机"单选按钮。单击"浏览…"按钮，选择"vSwitch1"，如图 4.4.6 所示。

图 4.4.6　选择现有标准交换机

④ 单击"NEXT"按钮，设置"网络标签"为"ForVM"，如图 4.4.7 所示。

图 4.4.7　输入网络标签

⑤ 单击"NEXT"按钮后确认配置，单击"FINISH"按钮完成网络的添加。

⑥ 在 ESXi 主机 192.168.11.99 中使用相同的方法创建虚拟机端口组 ForVM，并绑定到网络适配器 vmnic1，如图 4.4.8 所示。

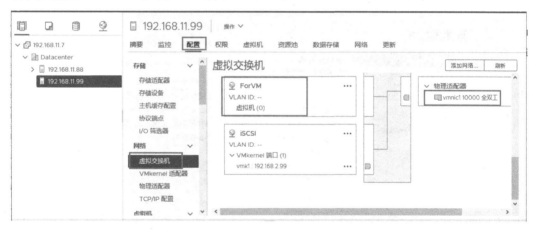

图 4.4.8　ESXi 主机 192.168.11.99 的网络

第 3 步：创建虚拟机。

下面将在 ESXi 主机 192.168.11.88 上创建并安装 Windows Server 2016 虚拟机。

① 单击 vCenter→"主机和集群"，选中主机 192.168.11.88，右击，在弹出的快捷菜单中选择"新建虚拟机"命令，如图 4.4.9 所示。

图 4.4.9　新建虚拟机

② 选择"创建新虚拟机"，如图 4.4.10 所示。

图 4.4.10　创建新虚拟机

③ 设置"虚拟机名称"为"WindowsServer2016R2"，选择虚拟机保存位置为"Datacenter"，如图 4.4.11 所示。

图 4.4.11　输入虚拟机名称

④ 选择计算资源，选中 ESXi 主机 192.168.11.88，如图 4.4.12 所示。

图 4.4.12　选择计算资源

⑤ 选择存储器为"iSCSI-Starwind"，将虚拟机放置在 iSCSI 共享存储中，如图 4.4.13 所示。

图 4.4.13　选择存储器

⑥ 选择兼容性为"ESXi7.0 及更高版本"。

⑦ 选择客户机操作系统系列为 Windows，客户机操作系统版本为"Microsoft Windows Server 2016（64 位）"。

⑧ 开始自定义硬件，将"内存"设置为"4GB"，将"磁盘置备"方式设置为"精简置备"，如图 4.4.14 所示。

图 4.4.14　设置内存和磁盘置备方式

⑨ 在"新的 CD/DVD 驱动器"处，选择"数据存储 ISO 文件"，浏览并找到 WindowsServer2016 的安装光盘 ISO 文件，如图 4.4.15 所示。

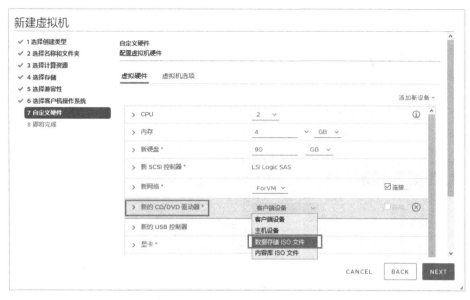

图 4.4.15　选择 ISO 文件

⑩ 在"新网络"处选择虚拟机端口组"ForVM",选中"新的 CD/DVD 驱动器"后面的"连接"复选框,将"新软盘驱动器"移除,如图 4.4.16 所示。

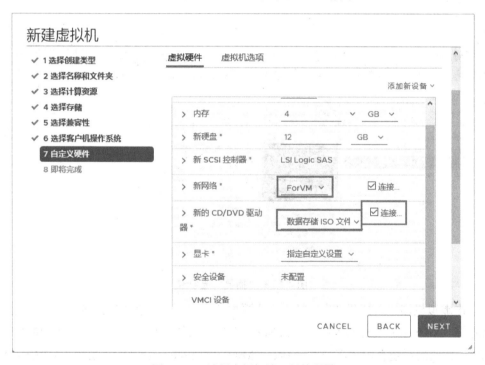

图 4.4.16　选择虚拟机端口组等配置

⑪ 单击"NEXT"按钮后确认配置,单击"FINISH"按钮完成新虚拟机的创建。

第 4 步:安装虚拟机操作系统。

① 选中虚拟机"WindowsServer2016R2",右击,在弹出的快捷菜单中选择"启动"→

"打开电源"命令，如图 4.4.17 所示。

图 4.4.17　打开虚拟机电源

② 切换到"摘要"选项卡，如图 4.4.18 所示。

图 4.4.18　"摘要"选项卡

单击虚拟机图标，打开"启动控制台"页面，用户可以选择"Web 控制台"单选按钮，或者选择"VMware Remote Console (VMRC)"单选按钮，如图 4.4.19 所示，单击"安装 VMRC"按钮后系统会自动下载"VMRC(VMware Remote Console)"，安装 VMRC(VMware Remote Console)后，关闭浏览器并重新登录。

图 4.4.19　打开虚拟机控制台

③ 选择"Web 控制台"单选按钮，打开控制台页面，如图 4.4.20 所示。在虚拟机中安装 Windows Server 2016 操作系统，在控制台按"Ctrl+Alt"组合键可以退出客户机控制台。

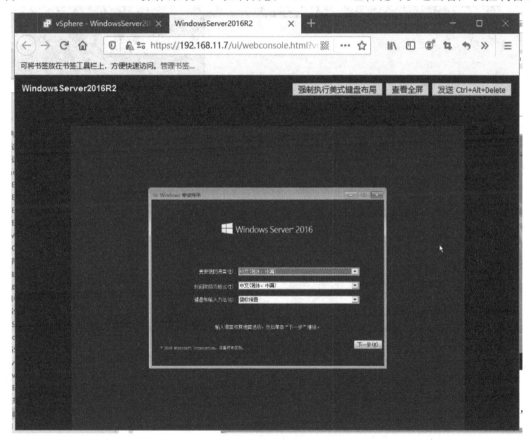

图 4.4.20　安装客户机操作系统

④ 客户机操作系统安装完成后，单击右下角的"安装 VMware Tools"，弹出如图 4.4.21 所示提示框，单击"挂载"按钮，挂载 VMware Tools 的虚拟光盘。

图 4.4.21　安装 VMware Tools

⑤ 双击光盘驱动器盘符，开始安装 VMware Tools，如图 4.4.22 所示。

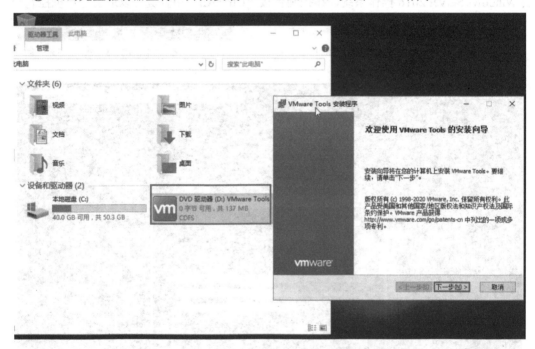

图 4.4.22　开始安装 VMware Tools

单击"下一步"按钮开始安装，安装完成后单击"是"按钮重新启动客户机操作系统。
VMware Tools 所带的高级功能生效。

第 5 步：创建快照。

下面将为虚拟机"WindowsServer2016R2"创建快照。

① 将虚拟机关机，在 vSphere Client 页面上方单击"刷新"图标按钮，如图 4.4.23
所示。

图 4.4.23　刷新 vSphere Client 客户端

　注意：

有时虚拟机关机后，Web 界面不能自动刷新，导致某些菜单项不能使用，在 vSphere Web 客户端刷新即可解决问题。vSphere Web Client 页面上方提供了"刷新"功能，不要在整个浏览器中单击"刷新"按钮。

② 选择要创建快照的虚拟机，选择"快照"→"生成快照"命令，如图 4.4.24 所示。设置快照"名称"为"system-ok"，"描述"为"刚安装好操作系统"。

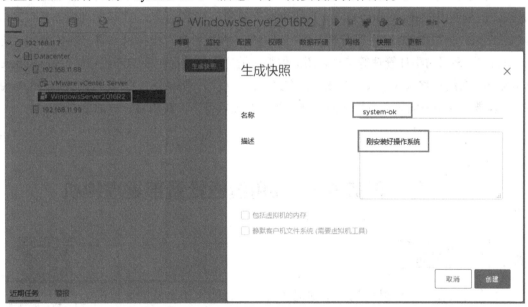

图 4.4.24　生成快照

至此，在共享存储上已经创建好虚拟机，安装操作系统并创建了快照，此任务结束。

项目 5　vCenter Server 高级功能的配置与应用

在前面的几个项目中，我们已经使用 VMware ESXi 7.0 搭建了服务器虚拟化测试环境，基本掌握了安装 VMware ESXi、配置 vSphere 虚拟网络和 iSCSI 共享存储、创建虚拟机的方法，但是使用 vSphere Host Client 只能直接管理单台 ESXi 主机，实现的功能非常有限。vCenter Server 提供 ESXi 主机管理、虚拟机管理、模板管理、虚拟机部署、任务调度、统计与日志、警报与事件管理等特性，还提供很多适应现代数据中心的高级特性，如 vSphere vMotion（在线迁移）、vSphere DRS（分布式资源调度）、vSphere HA（高可用性）、vSphere FT（容错）及物理机与虚拟机之间的转换等。在此项目中，我们将一一部署它们。

任务 5.1　使用模板批量部署虚拟机

任务介绍

如果需要在一个虚拟化架构中创建多台具有相同操作系统的虚拟机（如创建多台操作系统为 Windows Server 2016 的虚拟机），使用模板可大大减少工作量。模板是一个预先配置好的虚拟机的备份，也就是说，模板是由现有的虚拟机创建出来的。

扫一扫，看微课

要使用虚拟机模板，首先需要使用操作系统光盘 ISO 文件安装好一台虚拟机。虚拟机操作系统安装完成后安装 VMware Tools，同时可以安装必要的软件；然后将虚拟机转换或克隆为模板，将来可以随时使用此模板部署新的虚拟机。从一个模板创建出来的虚拟机具有与原始虚拟机相同的网卡类型和驱动程序，但是拥有不同的 MAC 地址。

如果需要使用模板部署多台加入同一个活动目录域的 Windows 虚拟机，每台虚拟机的操作系统必须具有不同的 SID（Security Identifier，安全标识符）。SID 是 Windows 操作系统用来标识用户、组和计算机账户的唯一号码。Windows 操作系统会在安装时自动生成唯一的 SID。

第 1 步：将虚拟机转换成模板。

下面将把虚拟机 WindowsServer2016R2 转换成模板。

① 关闭虚拟机"WindowsServer2016 R2"，在虚拟机名称处右击，在弹出的快捷菜单中选择"模板"→"转换成模板"命令，如图 5.1.1 所示。

图 5.1.1　将虚拟机转换成模板

系统弹出"确认转换"页面，如图 5.1.2 所示，单击"是"按钮，开始转换。

图 5.1.2　"确认转换"页面

② 将虚拟机转换成模板之后，在"主机和集群"选项卡中就看不到原始虚拟机了，在"主页"→"虚拟机"→"虚拟机模板"中可以看到转换后的虚拟机模板，如图 5.1.3 所示。

图 5.1.3　虚拟机模板

第 2 步：创建自定义规范。

下面将为 Windows Server 2016 操作系统创建新的自定义规范，当使用模板部署虚拟机时，可以调用此自定义规范。

① 在"主页"的"策略和配置文件"中，选择"虚拟机自定义规范"，如图 5.1.4 所示。

图 5.1.4　创建新规范

② 单击"新建"按钮，创建新规范，在"名称"处输入自定义规范为"Windows Server 2016"，选择"目标客户机操作系统"为"Windows"，如图 5.1.5 所示。

图 5.1.5 输入自定义规范名称

③ 设置客户机操作系统的名称和组织，如图 5.1.6 所示。

图 5.1.6 设置客户机操作系统的名称和组织

④ 设置计算机名称，在这里选择"在克隆/部署向导中输入名称"单选按钮，如图 5.1.7 所示。

新建虚拟机自定义规范

✓ 1 名称和目标操作系统
✓ 2 注册信息
3 计算机名称
4 Windows 许可证
5 管理员密码
6 时区
7 要运行一次的命令
8 网络
9 工作组或域
10 即将完成

计算机名称
指定一个计算机名称，该名称将在网络上标识这台虚拟机。

○ 使用虚拟机名称 ①

● 在克隆/部署向导中输入名称

○ 输入名称

☐ 附加唯一数值。 ①

○ 使用借助于 vCenter Server 配置的自定义应用程序生成名称

参数

CANCEL BACK NEXT

图 5.1.7 设置计算机名称

⑤ 输入 Windows 产品密钥，如图 5.1.8 所示。

新建虚拟机自定义规范

✓ 1 名称和目标操作系统
✓ 2 注册信息
✓ 3 计算机名称
4 Windows 许可证
5 管理员密码
6 时区
7 要运行一次的命令
8 网络
9 工作组或域
10 即将完成

Windows 许可证
指定该客户机操作系统副本的 Windows 许可信息。如果该虚拟机不需要许可信息，则将这些字段留空。

产品密钥 _____

☑ 包括服务器许可证信息 (需要用来自定义服务器客户机操作系统)

服务器许可证模式   ○ 按客户
                          ● 按服务器
                          最大连接数: 5 ⬍

CANCEL BACK NEXT

图 5.1.8 输入产品密钥

⑥ 设置管理员密码，如图 5.1.9 所示。

图 5.1.9　设置管理员密码

⑦ 设置时区为"(UTC+08:00)北京，重庆，香港特别行政区，乌鲁木齐"，如图 5.1.10 所示。

图 5.1.10　设置时区

⑧ 设置用户首次登录系统时运行的命令，这里不运行任何命令，如图 5.1.11 所示。

图 5.1.11　设置用户首次登录系统时运行的命令

⑨ 配置网络，这里选择"手动选择自定义设置"单选按钮，选中"网卡 1"，单击"编辑"按钮，如图 5.1.12 所示。

图 5.1.12　配置网络

⑩ 选择"当使用规范时，提示用户输入 IPv4 地址"单选按钮，输入子网掩码为"255.255.255.0"、默认网关为"192.168.2.1"，如图 5.1.13 所示。首选 DNS 服务器为运营商的服务器 8.8.8.8、202.96.128.166，如图 5.1.14 所示。

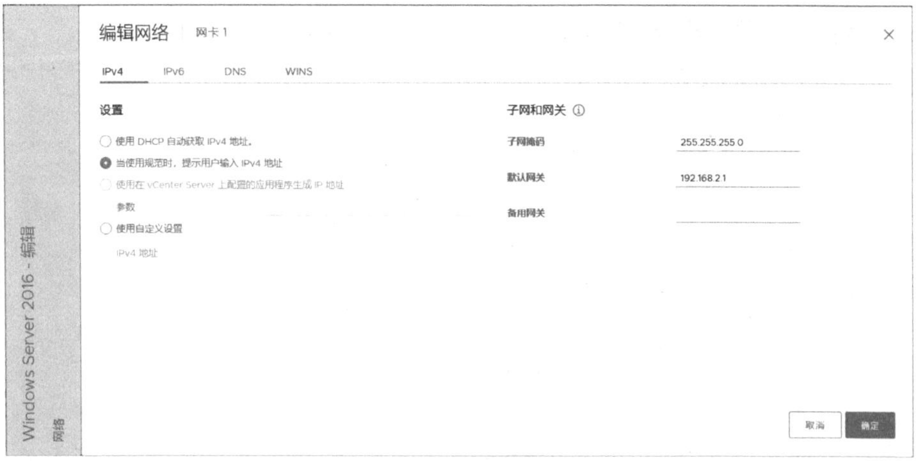

图 5.1.13　IPv4 设置

图 5.1.14　DNS 地址设置

⑪ 设置工作组或域，这里使用默认的工作组"WORKGROUP"，如图 5.1.15 所示。

图 5.1.15　设置工作组或域

⑫ 完成向导之前，检查设置的选择，如图 5.1.16 所示。

图 5.1.16　生成新的安全 ID

　注意：

SID 是安装 Windows 操作系统时自动生成的，在活动目录域中每台成员服务器的 SID 必须不相同。如果部署的 Windows 虚拟机需要加入域，则必须生成新的 SID，完成自定义 规范向导。从模板部署虚拟机时，vCenter Server 支持使用 sysprep 工具为虚拟机操作系统 创建新的 SID。

第 3 步：从模板部署新的虚拟机。

下面将从虚拟机模板"WindowsServer2016R2"部署一个新的虚拟机 WebServer，调用 刚创建的自定义规范，并进行自定义。

① 在"菜单"→"虚拟机和模板"中，右击虚拟机模板"WindowsServer2016R2"，在 弹出的快捷菜单中选择"从此模板新建虚拟机"命令，如图 5.1.17 所示。

图 5.1.17　从模板新建虚拟机

② 输入虚拟机名称"WebServer"，选择虚拟机保存位置为"Datacenter"，如图 5.1.18 所示。

图 5.1.18　输入虚拟机名称

③ 选择计算资源为"192.168.11.99"，如图 5.1.19 所示。

图 5.1.19　选择计算资源

④ 选择虚拟磁盘格式为"精简置备"，选择存储为"iSCSI-Starwind"，如图 5.1.20 所示。

图 5.1.20　选择虚拟磁盘格式和存储器

⑤ 选择克隆选项，选中"自定义操作系统"和"创建后打开虚拟机电源"复选框，如图 5.1.21 所示。

图 5.1.21　选择克隆选项

⑥ 选中之前创建的自定义规范"Windows Server 2016"，如图 5.1.22 所示。

图 5.1.22　选中自定义规范

⑦ 输入虚拟机的计算机名称"WebServer"，网络适配器 1 的 IP 地址为"192.168.2.8"，如图 5.1.23 所示。

图 5.1.23　配置虚拟机用户设置

⑧ 完成从模板部署虚拟机。

⑨ 在近期任务中，可以看到正在克隆新的虚拟机，部署完成后，新的虚拟机会自动启动，可以登录操作系统检查新虚拟机的 IP 地址、主机名等信息是否正确，如图 5.1.24 所示。

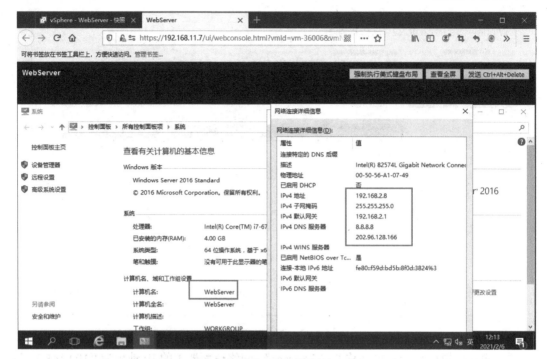

图 5.1.24　检查新虚拟机的配置

第 4 步：将模板转换为虚拟机。

先把模板 WindowsServer2016 转换为虚拟机。

① 在"虚拟机"菜单的"虚拟机模板"选项卡下"WindowsServer2016R2"的右键快捷菜单中选择"转换为虚拟机"命令，如图 5.1.25 所示。

图 5.1.25　将模板转换为虚拟机

② 选择计算资源为"192.168.11.88"，即可将模板转换成虚拟机。

③ 右击刚转换的虚拟机，在弹出的快捷菜单中选择"编辑设置"命令，在"虚拟机选项"设置中，将虚拟机名称改为"DatabaseServer"，如图 5.1.26 所示。

图 5.1.26　更改虚拟机名称

④ 在"主机和集群"中显示的两个虚拟机如图 5.1.27 所示。这两个虚拟机将在任务 5.2、任务 5.3 和任务 5.4 中使用。

图 5.1.27　两个虚拟机 DatabaseServer 和 WebServer

第 5 步：批量部署 CentOS 虚拟机。

以上介绍了使用模板批量部署 Windows 虚拟机的方法，对于 CentOS/RHEL/Fedora 虚拟机，必须在将虚拟机转换为模板之前对操作系统进行一系列修改，否则系统会将网卡识别为 eth1（假设原始虚拟机配置了一块网卡 eth0），导致应用无法使用。这是因为 Linux 操作系统重新封装的过程与 Windows 操作系统不同，当通过模板部署新的虚拟机时，系统会为虚拟机分配新的 MAC 地址，与操作系统记录的原始 MAC 地址不同。

注意：

在安装 CentOS 时，必须使用标准分区，不能使用 LVM 分区。查询硬盘分区方式的命令为【fdisk-l】。在将 CentOS 虚拟机转换为模板之前，必须进行以下操作，删除相关的配置文件。

（1）使用 root 用户登录 CentOS，输入命令【rm　-rf　/etc/udev/rules.d/*_persistent_*.rules】删除网卡设备相关配置文件；输入命令【ls　/etc/udev/rules.d】确认文件是否删除，保留以下三个文件即可：

60-raw.rules　　99-fuse.rules　　99-vmware-scsi-udev.rules

（2）编辑网卡配置文件，将 MAC 地址信息删除。

输入命令【vi　/etc/sysconfig/network_scripts/ifcfg_eth0】编辑网卡配置文件，将"HWADDR"这一行删除。

（3）输入命令【rm　-rf　/etc/ssh/moduli/etc/ssh/ssh_host_*】删除 SSH 相关文件；输入命令【ls　/etc/ssh】确认文件是否删除，只看到以下文件即可：

ssh_configsshd_config

（4）输入命令【vi　/etc/sysconfig/network】编辑网络配置文件，将"HOSTNAME"这一行删除。

（5）配置文件删除后，输入命令【shutdown　-h　now】关闭虚拟机，这时可以将虚拟机转换为模板了。

（6）创建针对 Linux 操作系统的自定义规范，并从模板部署新的 CentOS 虚拟机即可。

至此，便完成了 Windows 与 Linux 两种版本的虚拟机模板批量部署，此任务结束。

 任务 5.2　在线迁移虚拟机

扫一扫，看微课

任务说明

迁移是指将虚拟机从一台主机或存储位置移至另一台主机或存储位置的过程，虚拟机的迁移包括关机状态的迁移和开机状态的迁移。为了维持业务不中断，通常需要在开机状态迁移虚拟机，vSphere vMotion 能够实现虚拟机在开机状态的迁移。在虚拟化架构中，虚拟机的硬盘和配置信息是以文件方式存储的，这使得虚拟机的复制和迁移很方便。

vSphere vMotion 是 vSphere 虚拟化架构的高级特性之一。vMotion 允许管理员将一台正在运行的虚拟机从一台物理主机迁移到另一台物理主机，而不需要关闭虚拟机，如图 5.2.1 所示。

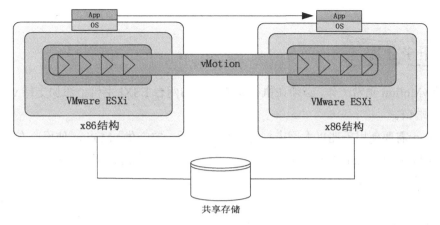

图 5.2.1　虚拟机实时迁移

当虚拟机在两台物理主机之间迁移时，虚拟机仍在正常运行，不会中断虚拟机的网络连接。vMotion 具有适合现代数据中心且被广泛使用的强大特性。VMware 虚拟化架构中的 vSphere DRS 等高级特性必须依赖 vMotion 才能实现。

假设有一台物理主机遇到了非致命性硬件故障需要修复，管理员可以先使用 vMotion 将正在运行的虚拟机迁移到另一台正常运行的物理主机中，然后就可以进行修复工作了。当修复工作完成后，管理员可以使用 vMotion 将虚拟机再迁移到原来的物理主机。另外，当一台物理主机的硬件资源占用过高时，使用 vMotion 可以将这台物理主机中的部分虚拟机迁移到其他物理主机，以平衡主机间的资源占用。

vMotion 实时迁移对 ESXi 主机的要求如下：

源和目标 ESXi 主机必须都能够访问保存虚拟机文件的共享存储（FC、FCoE 或 iSCSI）；源和目标 ESXi 主机必须具备千兆以太网卡或更快的网卡；源和目标 ESXi 主机必须有支持 vMotion 的 VMkernel 端口；源和目标 ESXi 主机必须有相同的标准虚拟交换机，如果使用 vSphere 分布式交换机，源和目标 ESXi 主机必须参与同一台 vSphere 分布式交换机；待迁移虚拟机连接到的所有虚拟机端口组在源和目标 ESXi 主机上都必须存在。端口组名称区分大小写，所以要在两台 ESXi 主机上创建相同的虚拟机端口组，以确保它们连接到相同的物理网络或 VLAN；源和目标 ESXi 主机的处理器必须兼容。

vMotion 实时迁移对虚拟机的要求如下：

虚拟机禁止连接到只有一台 ESXi 主机能够物理访问的设备，包括磁盘存储、CD/DVD 驱动器、软盘驱动器、串口、并口。如果要迁移的虚拟机连接了其中任何一个设备，要在违规设备上取消选中"已连接"复选框；虚拟机禁止连接到只在主机内部使用的虚拟交换机；虚拟机禁止设置 CPU 亲和性；虚拟机必须将全部磁盘、配置、日志、NVRAM 文件存储在源和目标 ESXi 主机都能访问的共享存储上。

任务分析

要使 vMotion 正常工作，必须在执行 vMotion 的两台 ESXi 主机上添加支持 vMotion 的 VMkernel 端口。

vMotion 需要使用千兆以太网卡，但这块网卡不一定专供 vMotion 使用。在设计 ESXi 主机时，尽量为 vMotion 分配一块网卡，这样可以减少 vMotion 对网络带宽的争用，vMotion 操作可以更快、更高效。

任务实施

第 1 步：打开添加网络向导。

在"主页"→"主机和集群"→"192.168.11.88"→"配置"→"网络"中，先选择"虚拟交换机"，再选择"添加网络"命令，打开图 5.2.2 所示页面，添加支持 vMotion 的 VMkernel 端口。

图 5.2.2　添加网络

在"选择连接类型"页面选择"VMkernel 网络适配器"单选按钮，在"选择目标设备"页面选择"选择现有交换机"，浏览并选择"vSwitch1"标准交换机。

第 2 步：配置端口属性。

输入网络标签"vMotion"，在"已启用的服务"中选中"vMotion"复选框，如图 5.2.3 所示。

图 5.2.3　配置端口属性

第 3 步：设置端口 IP 地址。

输入 VMkernel 端口的 IP 地址"192.168.2.11"及子网掩码"255.255.255.0"，如图 5.2.4 所示。

图 5.2.4　配置 IP 地址

完成创建 VMkernel 端口。

第 4 步：为 192.168.11.99 主机添加 VMkernel 端口。

使用相同的方法为 192.168.11.99 主机添加支持 vMotion 的 VMkernel 端口，并绑定到 vmnic3 网卡，IP 地址为 192.168.2.12，如图 5.2.5 所示。

图 5.2.5　配置 IP 地址

下面将把正在运行的虚拟机 WebServer 从一台 ESXi 主机迁移到另一台 ESXi 主机，通过持续 ping 虚拟机的 IP 地址，测试虚拟机能否在迁移的过程中对外提供服务。

第 5 步：设置防火墙规则。

在虚拟机 WebServer 的"高级安全 Windows 防火墙"的入站规则中启用规则"文件和打印机共享(回显请求-ICMPv4-In)"，如图 5.2.6 所示。

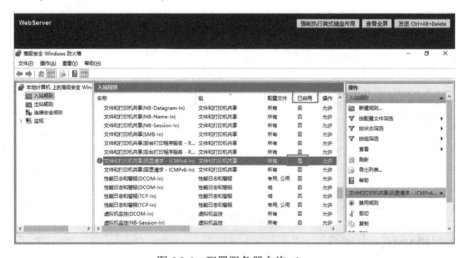

图 5.2.6　配置服务器允许 ping

第 6 步：持续 ping 服务器。

在本机打开命令行，输入"ping192.168.2.8-t"持续 ping 服务器 WebServer。

第 7 步：打开迁移虚拟机向导。

在 WebServer 的右键快捷菜单中选择"迁移"命令，如图 5.2.7 所示。

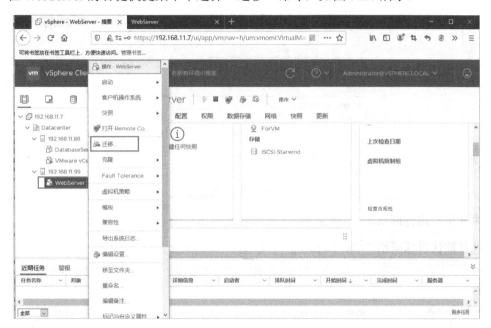

图 5.2.7 迁移虚拟机

选择迁移类型为"仅更改计算资源"，如图 5.2.8 所示。

图 5.2.8 选择迁移类型

第 8 步：选择计算资源。

选择主机"192.168.11.88"，如图 5.2.9 所示。

图 5.2.9　选择计算资源

第 9 步：选择网络。

选择默认目标网络"VM Network"，如图 5.2.10 所示。

图 5.2.10　选择网络

第 10 步：选择优先级。

vMotion 优先级选择默认的"安排优先级高的 vMotion（建议）"，如图 5.2.11 所示。

图 5.2.11　选择 vMotion 优先级

第 11 步：开始迁移虚拟机。

单击"完成"按钮开始迁移客户机，在近期任务中可以看到正在迁移虚拟机，等待一段时间，虚拟机 WebServer 已经迁移到主机 192.168.11.88 上，如图 5.2.12 所示。

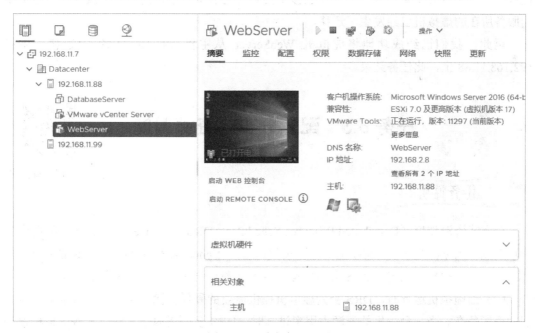

图 5.2.12　虚拟机已迁移

在迁移期间，虚拟机一直在响应 ping，中间有一个数据包的请求超时，如图 5.2.13 所示。

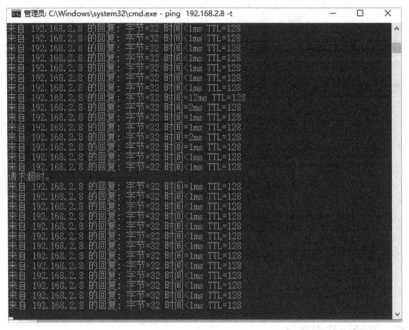

图 5.2.13　虚拟机迁移过程中 ping 的回复

也就是说，在使用 vMotion 迁移正在运行中的虚拟机时，虚拟机一直在正常运行，其提供的服务一直处于可用状态，只在迁移将要完成之前中断很短的时间，最终用户感觉不到服务所在的虚拟机已经发生了迁移。

至此，我们已经成功地将虚拟机 WebServer 从主机 192.168.11.99 上迁移到主机 192.168.11.88 上，此任务结束。

任务 5.3　配置分布式资源调度

扫一扫，看微课

分布式资源调度（Distributed Resource Scheduler，DRS）是 vCenter Server 在集群中的一项功能，用来跨越多台 ESXi 主机进行负载均衡，vSphere DRS 有以下两方面的作用。

（1）当虚拟机启动时，DRS 会将虚拟机放置在最适合运行该虚拟机的主机上。

（2）当虚拟机运行时，DRS 会为虚拟机提供需要的硬件资源，同时尽量减少虚拟机之间的资源争夺。当一台主机的资源占用率过高时，DRS 会使用内部算法将一些虚拟机移动到其他主机上。DRS 会利用动态迁移功能，在不引起虚拟机停机和网络中断的前提下快速执行这些迁移操作。

要使用 vSphere DRS，多台 ESXi 主机必须加入一个集群中。集群是 ESXi 主机的管理分组，一个 ESXi 集群聚集了集群中所有主机的 CPU 和内存资源。一旦将 ESXi 主机加入集群中，就可以使用 vSphere 的一些高级特性，包括 vSphere DRS 和 vSphere HA 等。

　注意：

如果一个 DRS 集群中包含两台具有 64GB 内存的 ESXi 主机，那么这个集群对外显示共有 128GB 的内存，但是任何一台虚拟机在任何时候都只能使用不超过 64GB 的内存。

在默认情况下，DRS 每 5 分钟执行一次检查，查看集群的工作负载是否均衡。集群内的某些操作也会调用 DRS，例如，添加或移除 ESXi 主机或修改虚拟机的资源设置。

任务分析

本任务首先在 vCenter 中创建 vSphere 集群，配置 EVC 等集群参数，并且将两台 ESXi 主机都加入集群中；接着在集群中启用 vSphere DRS，并验证配置；最后配置 vSphere DRS 规则。

相关知识

DRS 有以下三种自动化级别。

（1）手动：当虚拟机打开电源时，以及 ESXi 主机负载过重需要迁移虚拟机时，vCenter 都将给出建议，必须由管理员确认后才能执行操作。

（2）半自动：虚拟机打开电源时将自动置于最合适的 ESXi 主机上。当 ESXi 主机负载过重需要迁移虚拟机时，vCenter 将给出迁移建议，必须由管理员确认后才能执行操作。

（3）全自动：虚拟机打开电源时将自动置于最合适的 ESXi 主机上，并且将自动从一台 ESXi 主机迁移到另一台 ESXi 主机，以优化资源使用情况。

由于生产环境中的 ESXi 主机型号可能不同，在使用 vSphere DRS 时需要注意，硬件配置较低的 ESXi 主机中运行的虚拟机自动迁移到硬件配置较高的 ESXi 主机上是没有问题的，但是反过来可能会由于 ESXi 主机硬件配置问题导致虚拟机迁移后不能运行，针对这种情况建议选择"手动"或"半自动"级别。

在生产环境中，如果集群中所有 ESXi 主机的型号都相同，建议选择"全自动"级别。管理员不需要关心虚拟机究竟在哪台 ESXi 主机中运行，只需要做好日常监控工作就可以。

DRS 会使用 vMotion 实现虚拟机的自动迁移，但是一个虚拟化架构在运行多年后很可能会采购新的服务器，这些服务器会配置最新的 CPU 型号，而 vMotion 有一些相当严格的 CPU 要求。具体来说，CPU 必须来自同一厂商，必须属于同一系列，必须共享一套公共的 CPU 指令集和功能。因此，在新的服务器加入原有的 vSphere 虚拟化架构后，管理员将可能无法执行 vMotion。VMware 使用 EVC（Enhanced vMotion Compatibility，增强的 vMotion

兼容性）功能解决这个问题。

EVC 在集群层次上启用，可防止因 CPU 不兼容导致的 vMotion 迁移失败。EVC 使用 CPU 基准配置启用了 EVC 功能的集群中包含的所有处理器，基准是集群中每台主机均支持的一个 CPU 功能集。

要使用 EVC，集群中的所有 ESXi 主机必须使用同一厂商（Intel 公司或 AMD 公司）的 CPU。EVC 包含以下三种模式。

（1）禁用 EVC，即不使用 CPU 兼容性特性。如果集群内所有 ESXi 主机的 CPU 型号完全相同，可以禁用 EVC。

（2）为 AMD 主机启用 EVC。适用于 AMD CPU，只允许使用 AMD 公司 CPU 的 ESXi 主机加入集群。如果集群内所有 ESXi 主机的 CPU 都是 AMD 公司的产品，但是属于不同的年代，则需要使用这种 EVC 模式。

（3）为 Intel 主机启用 EVC。适用于 Intel CPU，只允许使用 Intel 公司 CPU 的 ESXi 主机加入集群。如果集群内所有 ESXi 主机的 CPU 都是 Intel 公司的产品，但是属于不同的年代，则需要使用这种 EVC 模式。

任务实施

下面将在 vCenter 中创建 vSphere 集群，配置 EVC 等参数，并且将两台 ESXi 主机加入集群中。

第 1 步：打开创建集群向导。

在主页→"主机和集群"→Datacenter 的右键快捷菜单中选择"新建集群"命令，如图 5.3.1 所示。

图 5.3.1　新建集群

第 2 步：输入集群名称。

输入集群名称"vSphere"，如图 5.3.2 所示。在创建集群时，可以选择是否启用 vSphere

DRS 和 vSphere HA 等功能，这里暂不启用。

图 5.3.2　输入集群名称

第 3 步：设置 EVC。

选中集群"vSphere"，单击"配置"→"配置"→"VMware EVC"，在这里 VMware EVC 的状态为"已禁用"，如图 5.3.3 所示。在本实验环境中，由于两台 ESXi 主机都是通过 VMware Workstation 模拟出来的，硬件配置（特别是 CPU）完全相同，所以可以不启用 VMware EVC。

图 5.3.3　EVC 模式

在生产环境中，如果 ESXi 主机的 CPU 是来自同一厂商不同年代的产品，如所有 ESXi 主机的 CPU 都是 Intel 公司 IvyBridge 系列、Haswell 系列的产品，则需要将 EVC 模式配置为"为 Intel 主机启用 EVC"，并选择"Intel® 'Merom' Generation"，单击"编辑"按钮，打开图 5.3.4 所示更改页面。

图 5.3.4　更改 EVC 模式

第 4 步：拖动主机"192.168.11.88"到集群。

选中主机"192.168.11.88"，按住鼠标左键不放，将其拖动到集群 vSphere 中，如图 5.3.5 所示。

图 5.3.5　拖动 ESXi 主机到集群中

第 5 步：拖动主机"192.168.11.99"到集群。

可以使用相同的方法将主机"192.168.11.99"加入集群中，或者在集群"vSphere"的右键快捷菜单中选择"添加主机"命令，如图 5.3.6 所示。

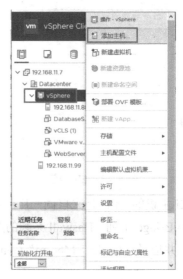

图 5.3.6　添加主机

打开"添加主机"页面，在"新主机"选项卡页面填写主机的 IP 地址、用户名和密码，如图 5.3.7 所示。

图 5.3.7 添加新主机

切换到"现有主机"选项卡，勾选新添加的主机，如图 5.3.8 所示。

图 5.3.8 勾选新添加的主机

第 6 步：查看摘要信息。

两台 ESXi 主机都已经加入集群"vSphere"，如图 5.3.9 所示，在集群的"摘要"选项卡中可以查看集群的基本信息。集群中包含两台主机，集群的 CPU、内存和存储资源是集群中所有 ESXi 主机的 CPU、内存和存储资源之和。

图 5.3.9 集群摘要

至此，集群创建完成。

下面将在集群中启用 vSphere DRS，并验证配置。

第 7 步：编辑 DRS。

选中集群 "vSphere"，选择 "配置" → "服务" → "vSphere DRS"，单击 "编辑" 按钮，如图 5.3.10 所示。

图 5.3.10　编辑 DRS 设置

第 8 步：调整自动化级别。

启用 "vSphere DRS"，将 "自动化级别" 修改为 "手动"，如图 5.3.11 所示。

图 5.3.11　集群自动化级别

第 9 步：选择虚拟机运行的主机。

首先关闭 DatabaseServer 与 WebServer 两台虚拟机，然后打开虚拟机 DatabaseServer 的电源，vCenter Server 会给出虚拟机运行在哪台主机的建议。这里选择将虚拟机

DatabaseServer 置于主机"192.168.11.99"上，如图 5.3.12 所示。

图 5.3.12　打开电源建议—DatabaseServer

第 10 步：选择另外的虚拟机运行的主机。

打开虚拟机 WebServer 的电源，由于主机"192.168.11.99"的可用资源小于主机"192.168.11.88"，因此 vCenter Server 建议将虚拟机 WebServer 置于主机"192.168.11.88"上，如图 5.3.13 所示。

图 5.3.13　打开电源建议—WebServer

实验完成，将 DatabaseServer 和 WebServer 两台虚拟机关机，至此，vSphere DRS 已经启用并验证了相应的配置。

接下来将配置 vSphere DRS 的规则。

为了进一步针对特定环境自定义 vSphere DRS 的行为，vSphere 提供了 DRS 规则功能，使某些虚拟机始终运行在同一台 ESXi 主机上（亲和性规则），或者使某些虚拟机始终运行在不同的 ESXi 主机上（反亲和性规则），或者始终在特定的主机上运行特定的虚拟机（主机亲和性规则）。

（1）聚集虚拟机：允许实施虚拟机亲和性。这个选项确保使用 DRS 迁移虚拟机时，某些特定的虚拟机始终在同一台 ESXi 主机上运行。同一台 ESXi 主机上的虚拟机之间的通信速度非常快，因为这种通信只发生在 ESXi 主机内部（不需要通过外部网络）。假设一个多层应用程序包括一个 Web 应用服务器和一个后端数据库服务器，两台服务器之间需要频繁通信。在这种情况下，可以定义一条亲和性规则聚集这两台虚拟机，使它们在集群内始终在一台 ESXi 主机内运行。

（2）分开虚拟机：允许实施虚拟机反亲和性。这个选项确保某些虚拟机始终位于不同的 ESXi 主机上，这种配置主要用于操作系统层面的高可用性场合（如使用微软的 Windows Server Failover Cluster），使用这种规则，多台虚拟机分别位于不同的 ESXi 主机上，若一台虚拟机所在的 ESXi 主机损坏，可以确保应用仍然运行在另一台 ESXi 主机的虚拟机上。

（3）虚拟机到主机：允许利用主机亲和性，将指定的虚拟机放在指定的 ESXi 主机上，这样可以微调集群中虚拟机和 ESXi 主机之间的关系。

（4）虚拟机到虚拟机：指定选定的单台虚拟机是应在同一主机上运行还是应保留在其他主机上。此类型规则用于创建所选单台虚拟机之间的关联性或反关联性，可以创建并使用多个虚拟机—虚拟机关联性规则，但是，这可能会导致规则相互冲突的情况发生。当两个虚拟机—虚拟机关联性规则发生冲突时，将优先使用老的规则，并禁用新的规则。DRS 仅尝试满足已启用的规则，会忽略已禁用的规则。与关联性规则的冲突相比，DRS 将优先阻止反关联性规则的冲突。

如果想在启用 vSphere DRS 的情况下，让 WebServer 和 DatabaseServer 运行在同一台 ESXi 主机上，则需要按照以下操作配置 DRS 规则。

第 11 步：打开添加规则向导。

选中集群"vSphere"，选择"配置"→"配置"→"虚拟机/主机规则"，单击"添加"按钮，如图 5.3.14 所示。

图 5.3.14　添加 DRS 规则

第 12 步：设置规则名称与类型。

设置"名称"为"Web&DatabaseServersTogether"，"类型"为"集中保存虚拟机"，单击"添加"按钮，如图 5.3.15 所示。

图 5.3.15　创建 DRS 规则

第 13 步：选择适用的虚拟机。

选中 DatabaseServer 和 WebServer 两台虚拟机，如图 5.3.16 所示。

图 5.3.16　添加规则成员

　　图 5.3.17 所示为已经配置的 DRS 规则，两台虚拟机 DatabaseServer 和 WebServer 将在同一台主机上运行。

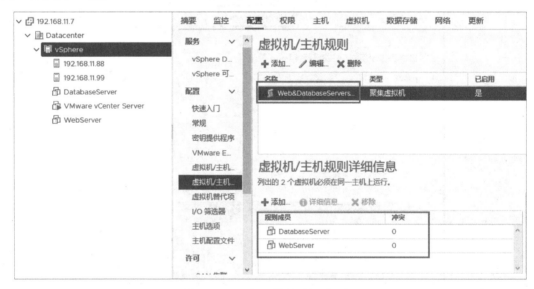

图 5.3.17　已经配置的 DRS 规则

第 14 步：选择运行虚拟机的主机。

　　启动虚拟机 DatabaseServer，选择在主机"192.168.11.99"上运行，如图 5.3.18 所示。

图 5.3.18　打开电源建议—DatabaseServer

第 15 步：查看规则。

当启动虚拟机 WebServer 时，vCenter Server 仍然建议将虚拟机 WebServer 置于主机 "192.168.11.99" 上，如图 5.3.19 所示。这是 DRS 规则在起作用。

图 5.3.19　打开电源建议—WebServer

第 16 步：验证"分开虚拟机"规则类型。

将原有的 DRS 规则删除，添加新的规则，设置名称为"Separate WebServer&DatabaseServer"，规则类型为"单独的虚拟机"，选中 DatabaseServer 和 WebServer 两台虚拟机，如图 5.3.20 所示。此规则会使虚拟机 WebServer 和 DatabaseServer 在不同的 ESXi 主机上运行。

图 5.3.20　创建新的 DRS 规则

第 17 步：设置特别虚拟机禁用规则。

虽然多数虚拟机都应该允许使用 DRS 的负载均衡行为，但是管理员可能需要特定的关键虚拟机不使用 DRS，然而这些虚拟机应该留在集群内，以利用 vSphere HA 提供的高可用性功能。比如，要配置虚拟机 DatabaseServer 不使用 DRS，始终在一台 ESXi 主机上运行，则先将之前创建的与该虚拟机有关的 DRS 规则删除，然后在集群"vSphere"的"配置"→"配置"→"虚拟机替代项"中单击"添加"按钮。单击"选择虚拟机"，选中 DatabaseServer，将"DRS 自动化级别"设置为"禁用"即可，如图 5.3.21 所示。

图 5.3.21　添加虚拟机替代项

至此，本任务结束。

 任务 5.4　启用虚拟机高可用性

扫一扫，看微课

 **任务说明**

　　高可用性（High Availability，HA）通常描述一个系统为了减少停工时间，经过专门设计，从而保持其服务的高度可用性。HA 是生产环境中的重要指标之一。实际上，在虚拟化架构出现之前，在操作系统级别和物理级别就已经大规模使用了高可用性技术和手段。vSphere HA 实现的是虚拟化级别的高可用性，具体来说，当一台 ESXi 主机发生故障（硬件故障或网络中断等）时，其上运行的虚拟机能够自动在其他 ESXi 主机上重新启动，虚拟机在重新启动之后可以继续提供服务，从而最大限度地保证服务不中断。

任务分析

　　当 ESXi 主机出现故障时，vSphere HA 能够让该主机内的虚拟机在其他 ESXi 主机上重新启动，与 vSphere DRS 不同，vSphere HA 没有使用 vMotion 技术作为迁移手段。vMotion 只适用于预先规划好的迁移，而且要求源和目标 ESXi 主机都处于正常运行状态。由于 ESXi 主机的硬件故障无法预知，所以没有足够的时间执行 vMotion 操作。vSphere HA 适用于解决 ESXi 主机硬件故障造成的计划外停机。

相关知识

在实施 HA 之前，我们先来了解一下它的工作原理与实施条件。

1. 高可用性实现的四种级别

（1）应用程序级别：应用程序级别的高可用性技术包括 Oracle Real Application Clusters（RAC）等。

（2）操作系统级别：使用操作系统集群技术实现高可用性，如 Windows Server 的故障转移集群等。

（3）虚拟化级别：VMware vSphere 虚拟化架构在虚拟化级别提供 vSphere HA 和 vSphere FT 功能，以实现虚拟化级别的高可用性。

（4）物理级别：物理级别的高可用性主要体现在冗余的硬件组件，如多个网卡、多个 HBA 卡、SAN 多路径冗余、存储阵列上的多个控制器及多电源供电等。

2. vSphere HA 的必备组件

从 vSphere 5.0 开始，VMware 重新编写了 HA 架构，使用了 Fault Domain 架构，通过选举方式选出唯一的 Master 主机，其余为 Slave 主机。vSphere HA 有以下必备组件。

（1）故障域管理器（Fault Domain Manager，FDM）代理：FDM 代理的作用是与集群内其他主机交流有关主机可用资源和虚拟机状态的信息。它负责心跳机制、虚拟机定位和与 hostd 代理相关的虚拟机重启。

（2）hostd 代理：安装在 Master 主机上，FDM 直接与 hostd 和 vCenter Server 通信。

（3）vCenter Server：负责在集群 ESXi 主机上部署和配置 FDM 代理。vCenter Server 向选举出的 Master 主机发送集群的配置修改信息。

3. Master 和 Slave 主机

创建一个 vSphere HA 集群时，FDM 代理会部署在集群的每台 ESXi 主机上，其中一台主机被选举为 Master 主机，其他主机都是 Slave 主机。Master 主机的选举依据是哪台主机的存储最多，如果存储的数量相等，则比较哪台主机的管理对象 ID 最高。

（1）Master 主机的任务。Master 主机负责在 vSphere HA 的集群中执行下面这些重要任务。

- Master 主机负责监控 Slave 主机，当 Slave 主机出现故障时在其他 ESXi 主机上重新启动虚拟机。
- Master 主机负责监控所有受保护虚拟机的电源状态。如果一台受保护的虚拟机出现故障，则 Master 主机会重新启动虚拟机。
- Master 主机负责管理一组受保护的虚拟机，它会在用户执行启动或关闭操作之后更新这个列表。即当虚拟机打开电源时，该虚拟机就要受保护，一旦主机出现故障就会在其他主机上重新启动虚拟机；当虚拟机关闭电源时，就没有必要再保护它了。

- Master 主机负责缓存集群配置。Master 主机会向 Slave 主机发送通知，告诉它们集群配置发生的变化。

- Master 主机负责向 Slave 主机发送心跳信息，告诉它们 Master 主机仍然处于正常激活状态。如果 Slave 主机接收不到心跳信息，则重新选举出新的 Master 主机。

- Master 主机向 vCenter Server 报告状态信息。vCenter Server 通常只和 Master 主机通信。

（2）Master 主机的选举：Master 主机的选举在集群中 vSphere HA 第一次激活时发生。在以下情况下，也会重新选举 Master 主机。

- Master 主机故障。

- Master 主机与网络隔离或被分区。

- Master 主机与 vCenter Server 失去联系。

- Master 主机进入维护模式。

管理员重新配置 vSphere HA 代理。

（3）Slave 主机的任务。Slave 主机执行下面这些任务。

- Slave 主机负责监控本地运行的虚拟机的状态，这些虚拟机运行状态的显著变化会被发送到 Master 主机。

- Slave 主机负责监控 Master 主机的状态。如果 Master 主机出现故障，Slave 主机会参与新 Master 主机的选举。

- Slave 主机负责实现不需要 Master 主机集中控制的 vSphere HA 特性，如虚拟机健康监控。

4. 心跳信号

vSphere HA 集群的 FDM 代理是通过心跳信息相互通信的，如图 5.4.1 所示。

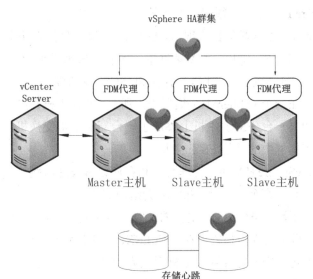

图 5.4.1 FDM 代理通过心跳信息通信

心跳是用来确定主机服务器仍然正常工作的一种机制，Master 主机与 Slave 主机之间会互相发送心跳信息，心跳的发送频率为每秒 1 次。如果 Master 主机不再从 Slave 主机接收心跳，则意味着网络通信出现问题，但这不一定表示 Slave 主机出现故障。为了验证 Slave 主机是否仍在工作，Master 主机会使用以下两种方法进行检查。

- Master 主机向 Slave 主机的管理 IP 地址发送 ping 数据包。
- Master 主机与 Slave 主机在数据存储级别进行信息交换（称作数据存储心跳），这可以区分 Slave 主机是在网络上隔离还是完全崩溃。

vSphere HA 使用管理网络和存储设备进行通信。在正常情况下，Master 主机与 Slave 主机通过管理网络进行通信。如果 Master 主机无法通过管理网络与 Slave 主机通信，那么 Master 主机会检查它的心跳数据存储。如果心跳数据存储有应答，则说明 Slave 主机仍在工作。在这种情况下，Slave 主机可能处于网络分区（Network Partition）或网络隔离（Network Isolation）状态。

- 网络分区是指虽然一台或多台 Slave 主机的网络连接没有问题，它们却无法与 Master 主机通信。在这种情况下，vSphere HA 能够使用心跳数据存储检查这些主机是否存活，以及是否需要执行一些操作保护这些主机中的虚拟机，或者在网络分区内选择新的 Master 主机。
- 网络隔离是指有一台或多台 Slave 主机失去了所有管理网络连接。隔离主机既不能与 Master 主机通信，也不能与其他 ESXi 主机通信。在这种情况下，Slave 主机使用心跳数据存储通知 Master 主机它已经被隔离。Slave 主机先使用一个特殊的二进制文件（host-X-poweron）通知 Master 主机，然后 vSphere HA 主机可以执行相应的操作，保证虚拟机受到保护。

5. 实施 vSphere HA 的条件

在实施 vSphere HA 时，必须满足以下条件。

- 集群。vSphere HA 依靠集群实现，需要先创建集群，然后在集群上启用 vSphere HA。
- 共享存储。在一个 vSphere HA 集群中，所有主机都必须能够访问相同的共享存储，这包括 FC 光纤通道存储、FCoE 存储和 iSCSI 存储等。
- 虚拟网络。在一个 vSphere HA 集群中，所有 ESXi 主机都必须有完全相同的虚拟网络配置。如果一台 ESXi 主机上添加了一台新的虚拟交换机，那么该虚拟交换机也必须添加到集群中的其他 ESXi 主机上。
- 心跳网络。vSphere HA 通过管理网络和存储设备发送心跳信号，因此管理网络和存储设备最好都有冗余，否则 vSphere 会给出警告。
- 充足的计算资源。每台 ESXi 主机的计算资源都是有限的，当一台 ESXi 主机出现故障时，该主机上的虚拟机需要在其他 ESXi 主机上重新启动。如果其他 ESXi 主机的计算资源不足，则可能导致虚拟机无法启动或启动后性能较差。vSphere HA 使用接入控制策略来保证 ESXi 主机为虚拟机分配足够的计算资源。

- VMware Tools。虚拟机中必须安装 VMware Tools 才能实现 vSphere HA 的虚拟机监控功能。

任务实施

下面将在集群中启用 vSphere HA，并检查集群的工作状态。

第 1 步：开始编辑 vSphere HA。

选中集群"vSphere"，选择"配置"→"服务"→"vSphere 可用性"，单击"编辑"按钮，如图 5.4.2 所示。

图 5.4.2　编辑 vSphere HA

第 2 步：选中共享存储。

启用"vSphere HA"，在"检测信号数据存储"中选择"使用指定列表中的数据存储并根据需要自动补充"单选按钮，选中共享存储"iSCSI-Starwind"，如图 5.4.3 所示。

图 5.4.3　选择共享存储

在"近期任务"中可以看到正在配置 vSphere HA 集群，如图 5.4.4 所示。

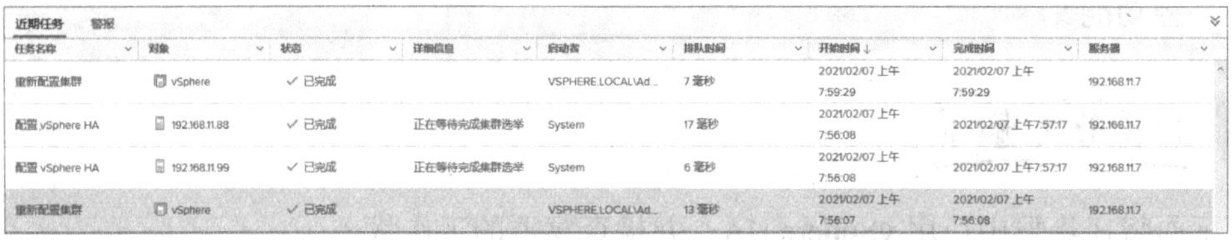

图 5.4.4　正在配置 vSphere HA 集群

第 3 步：查看摘要信息。

经过一段时间，vSphere HA 配置完成，在主机"192.168.11.99"的"摘要"选项卡中可以看到其身份为"主"，如图 5.4.5 所示。

图 5.4.5　查看主机"192.168.11.99"的身份

主机"192.168.11.88"的身份为"辅助"，如图 5.4.6 所示。

图 5.4.6　查看主机"192.168.11.88"的身份

第 4 步：调整优先级。

对于集群中某些重要的虚拟机，需要将"虚拟机重新启动优先级"设置为"高"。这样，当 ESXi 主机发生故障时，这些重要的虚拟机就可以优先在其他 ESXi 主机上重新启动。下面将把虚拟机 DatabaseServer 的"虚拟机重新启动优先级"设置为"高"。

在集群 vSphere 的"配置"→"配置"→"虚拟机替代项"处单击"添加"按钮，单击

"选择虚拟机"，选中"虚拟机 DatabaseServer"，为虚拟机配置其特有的 DRS 和 HA 选项，如图 5.4.7 所示。在这里，"DRS 自动化级别"设置为"禁用"，这可以让 DatabaseServer 始终在一台 ESXi 主机上运行，不会被 vSphere DRS 迁移到其他主机；"虚拟机重新启动优先级"设置为"高"，可以使该虚拟机所在的主机出现问题时，优先让该虚拟机在其他 ESXi 主机上重新启动。

图 5.4.7　虚拟机 DatabaseServer 的替代项

 注意：

建议将提供最重要服务的虚拟机（VM）的重新启动优先级设置为"高"。具有高优先级的 VM 最先启动，如果某台 VM 的重新启动优先级为"禁用"，那么它在 ESXi 主机发生故障时不会被重新启动。如果出现故障的主机数量超过容许控制范围，重新启动优先级为低的 VM 可能无法重新启动。

至此，vSphere HA 启动完毕。在接下来的操作中，我们将验证 vSphere HA 的功能。

下面将以虚拟机 DatabaseServer 为例，验证 vSphere HA 能否起作用。

第 5 步：开启虚拟机。

启动虚拟机 DatabaseServer，此时 vCenter Server 不会询问在哪台主机上启动虚拟机，而是直接在其上一次运行的 ESXi 主机"192.168.11.99"上启动虚拟机，如图 5.4.8 所示。这是因为虚拟机 DatabaseServer 的"DRS 自动化级别"设置为"禁用"。

图 5.4.8　启动虚拟机 DatabaseServer

第 6 步：模拟主机故障。

下面将模拟 ESXi 主机"192.168.11.99"不能正常工作的情况。在 VMware Workstation 中将"192.168.11.99"的电源挂起，如图 5.4.9 所示。

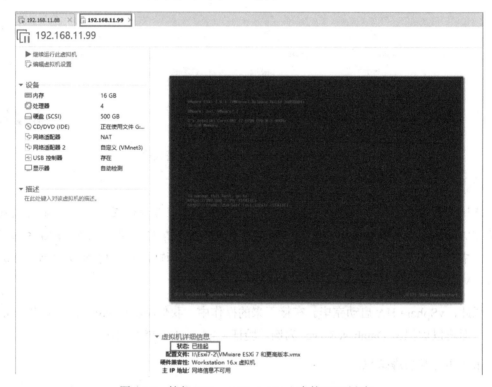

图 5.4.9　挂起 VMware Workstation 中的 ESXi 主机

第 7 步：观察测试状态。

此时 vSphere HA 会检测到主机"192.168.11.99"发生了故障，并且将其上的虚拟机 DatabaseServer 在另一台主机"192.168.11.88"上重新启动。

第 8 步：查看虚拟机摘要信息。

在虚拟机 DatabaseServer 的"摘要"选项卡中可以看到虚拟机已经在主机"192.168.11.88"上重新启动，虚拟机受 vSphere HA 保护，如图 5.4.10 所示。

图 5.4.10　虚拟机已经重新启动

在使用 vSphere HA 时，一定要注意 ESXi 主机故障期间会发生服务中断。如果物理主机出现故障，vSphere HA 会重启虚拟机，而在虚拟机重启的过程中，虚拟机提供的应用会中止服务。

至此，本任务结束。

任务 5.5　将物理机转换为虚拟机

扫一扫，看微课

 任务说明

本任务是将安装在物理机上的操作系统迁移到 ESXi 中，即将物理机转换为虚拟机。

 任务分析

使用 VMware vCenter Converter 软件可以将物理机转换为虚拟机。VMware vCenter Converter 支持本地安装与服务器模式安装，在大多数情况下，本地安装就可以完成物理机（包括本地计算机）到虚拟机、虚拟机到虚拟机的迁移工作。VMware vCenter Converter 不仅能够实现快速转换，还能够保持非常稳定、高效的运行。

 **相关知识**

使用 VMware vCenter Converter 直观的向导驱动界面，可以自动化和简化物理机转换为虚拟机及虚拟机格式之间转换的过程。

将基于 Microsoft Windows 的物理机和第三方映像格式转换为 VMware 虚拟机，通过集中式管理控制台同时完成多个转换，易于使用的向导可将转换步骤减到最少，在几分钟内将物理机转换为虚拟机。

VMware vCenter Converter 可以在多种硬件上运行，并支持最常用的 Microsoft Windows 操作系统。通过这一功能强大的企业级迁移工具，你可以：

- 快速而可靠地将本地和远程物理机转换为虚拟机，不会造成任何中断或停机。
- 通过集中式管理控制台和直观的转换向导同时完成多个转换。
- 将其他虚拟机格式（如 Microsoft Hyper-V、Microsoft Virtual PC 和 Microsoft Virtual Server）或物理机的备份映像（如 Symantec Backup Exec System Recovery 或 Norton Ghost）转换为 VMware 虚拟机。
- 将虚拟机的 VMware Consolidated Backup（VCB）映像恢复到运行中的虚拟机。
- 作为灾难恢复计划的一部分，将物理机克隆并备份为虚拟机。

任务实施

第 1 步：下载和安装 VMware vCenter Converter。

关于怎么安装 VMware vCenter Converter 这里不做介绍，此处使用的是 VMware vCenter Converter Standalone 6.2。

第 2 步：选择要转换的源。

选择菜单栏中的"Convert machine"命令，打开源系统设置对话框，选择"Powered on"单选按钮，在下拉菜单中选择"This local machine"，如图 5.5.1 所示。

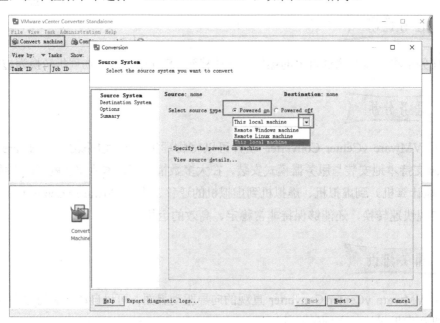

图 5.5.1　源系统设置（1）

如果选择"Remote Windows machine"或"Remote Linux machine",则输入需要转换物理机的 IP 地址、用户名和密码,如图 5.5.2 所示。

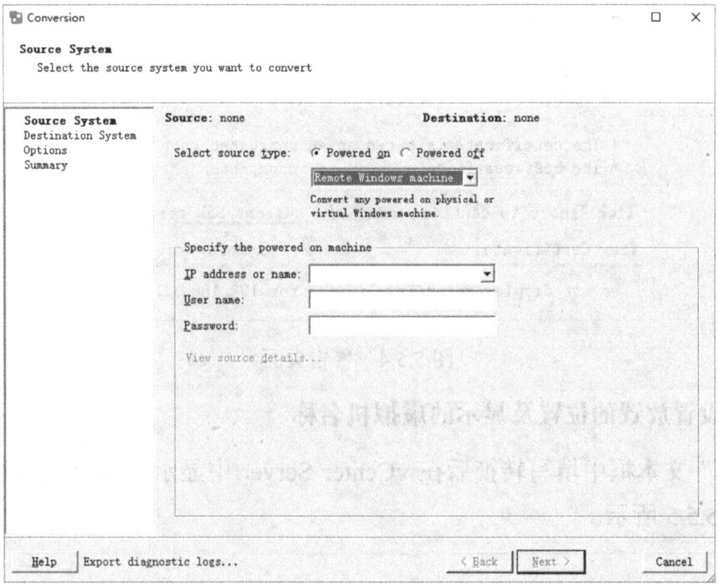

图 5.5.2 源系统设置(2)

第 3 步:选择存放的目标系统。

在"Destination System"页面的"Select destination type"下拉列表框中选择"VMware Infrastructure virtual machine",填写 vCenter Server 的 IP 地址,以及登录的用户名与密码,如图 5.5.3 所示。

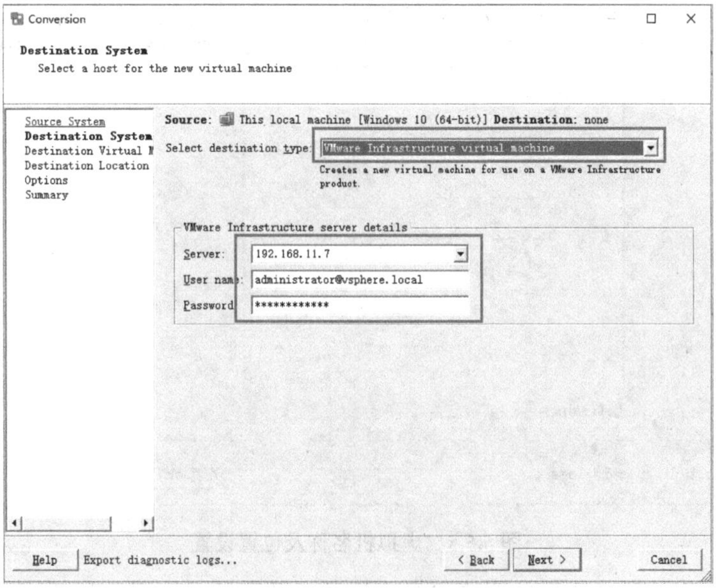

图 5.5.3 目标系统设置

单击"Next"按钮，弹出安全警告窗口，如图5.5.4所示，单击"Ignore"按钮忽略警告即可。

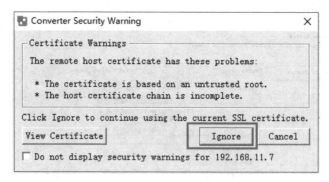

图5.5.4　警告页面

第4步：设置放置的位置及显示的虚拟机名称。

在"Name"文本框中填写转换后在vCenter Server中显示的虚拟机名称，并选择放置的位置，如图5.5.5所示。

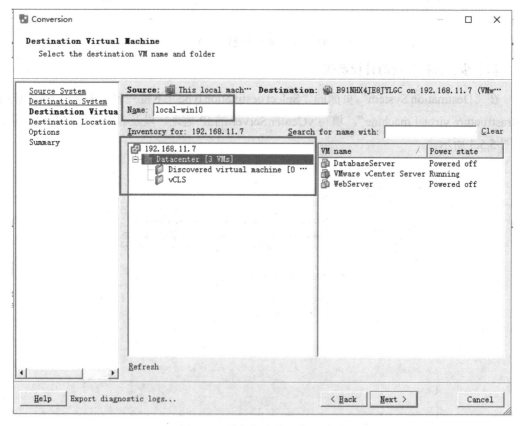

图5.5.5　虚拟机名称及位置设置

单击"Next"按钮，选择放置的主机或资源池及存储，如图5.5.6所示。

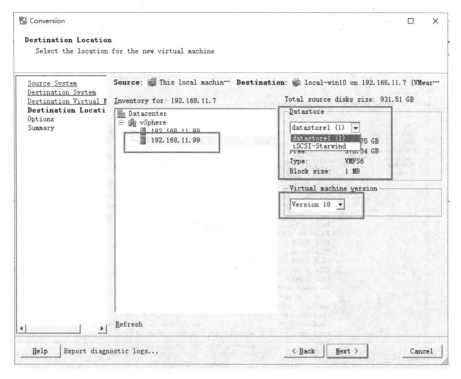

图 5.5.6　选择放置的主机及存储

第 5 步：修改转换的资源。

修改要转换的资源，此处只转换了 C 盘，取消其他盘的选择，如图 5.5.7 所示。

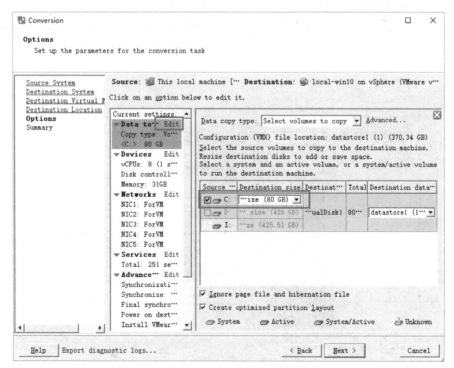

图 5.5.7　选择要转换的资源

单击"Advanced"按钮，将视图切换到高级模式，磁盘格式选择"Thin"精简模式，如图 5.5.8 所示。

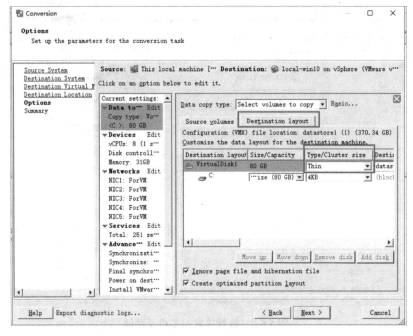

图 5.5.8　设置转换的磁盘格式

选择左边的"Advance"高级选项，在这里要注意，应选择"Synchronize changes"和"Run immediately after cloning"。（注意：不要勾选"Perform final synchronization"，否则只能执行一次同步操作后确认同步完成，之后不能进行多次手工数据同步，如图 5.5.9 所示。

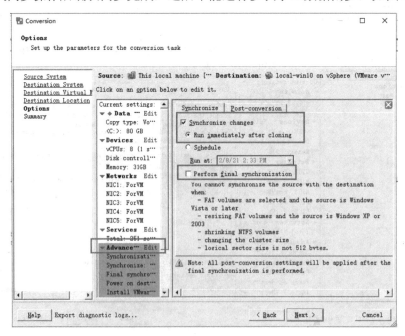

图 5.5.9　同步选项设置

单击"Next"按钮，显示"Summary"摘要信息页面，核对信息无误即可单击"Finish"按钮，出现图 5.5.10 所示页面。这就说明在转换过程中了。

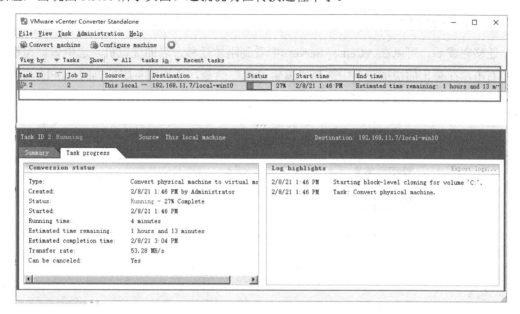

图 5.5.10　执行中的转换任务

第 6 步：数据同步。

当 Job ID 2 的任务完成后，会自动执行同步任务。同步任务完成后，还有一个同步任务不会自动完成，需手动执行同步作业才可执行。

下面切换到作业视图。右击，在弹出的快捷菜单中选择"Synchronize"命令，执行同步任务，如图 5.5.11 所示。

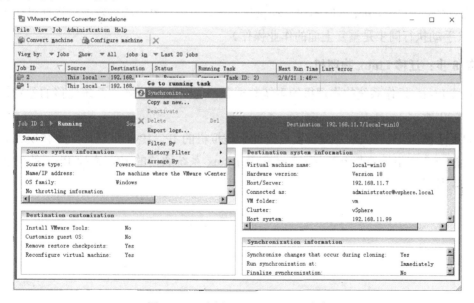

图 5.5.11　选择"Synchronize"命令

进入同步确认界面，先单击"下一步"按钮，再单击"完成"按钮，就可以手动执行同步作业。

第 7 步：调整虚拟机资源。

迁移完成后，可以在 vCenter Server 中看到刚才迁移命名的虚拟机。选中该虚拟机名称，右击，在弹出的快捷菜单中选择"编辑设置"命令，适当调整虚拟机的 vCPU 与内存资源，即可打开该虚拟机，如图 5.5.12 所示。

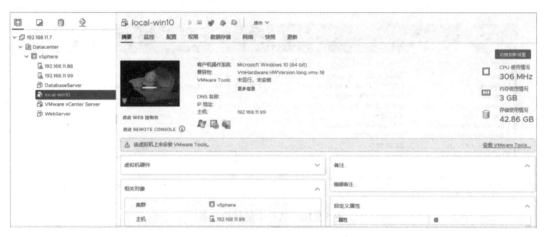

图 5.5.12　迁移完成后的虚拟机

迁移完成后会自动做一次同步，同步数据是迁移过程中源物理机变更的数据。第一次自动同步后 VMware vCenter Converter 就不会自动进行多次同步。如果迁移完成后物理机还未正式关闭，虚拟机未正式启动这段时间，物理机发生的数据变更只能通过手动执行同步到虚拟机。测试 P2V 迁移完成后，对物理机进行多次数据变更（包括添加、删除数据等），VMware vCenter Converter 可以多次手动执行同步，在虚拟机上检查数据与物理机变更数据一致。（手动执行同步是重复上面的作业操作）

第 8 步：迁移 Linux 物理机。

安装 Linux 操作系统的物理机的系统数据迁移与 Windows 操作系统迁移的差别很小，如图 5.5.13 所示。

如果迁移在 1%时失败，就需要设定助手虚拟机的 IP。IPv4 默认，如果转换失败，则手动设置一个空闲的能与 vCenter Server 及 Linux 系统通信的 IP，去掉 IPv6 的勾选，如图 5.5.14 所示。

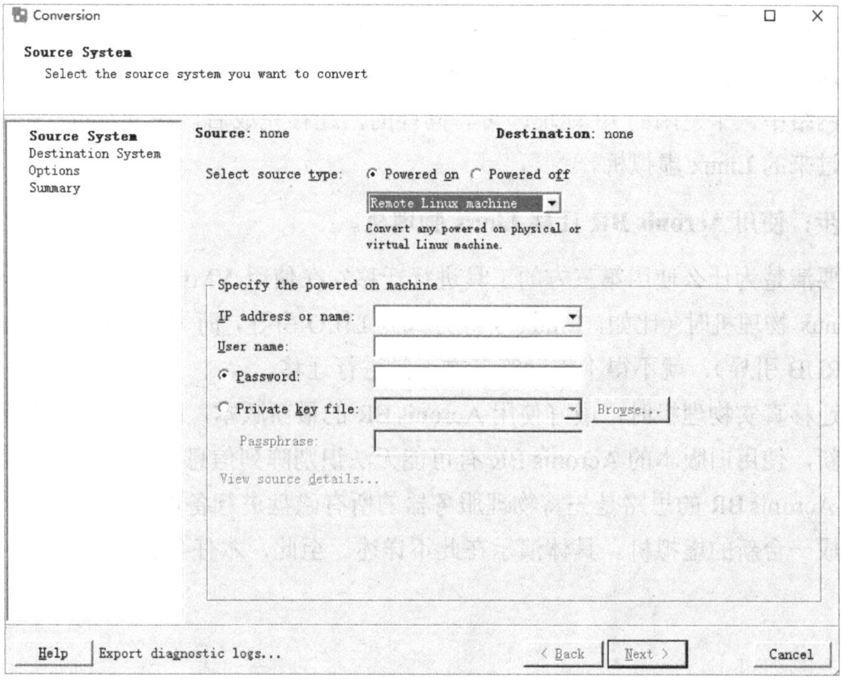

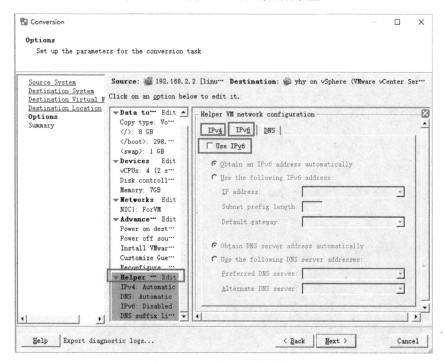

图 5.5.13　迁移 Linux 物理机的源设置

图 5.5.14　助手虚拟机设置

按照《VMware-converter 6.0 安装指南》的描述，当转换已启动的 Linux 计算机时，Converter Standalone 将在目标上创建助手虚拟机。助手虚拟机需要具有源计算机的网络访问权才能克隆源文件。默认转换设置将强制为助手虚拟机自动获取 IPv4 地址和 DNS 服务器，但也可以手动设置此网络连接。助手虚拟网络配置时，需要创建一个助手虚拟机，要有网络访问权，而我在迁移中设定了一个能互通但无虚拟机使用的 IP 地址，也就是说，只需要设置网络中一个空闲的 IP 地址即可。同样的，迁移完成后，在 vCenter Server 下可以看到迁移过来的 Linux 虚拟机。

第 9 步：使用 Acronis BR 迁移 Linux 物理机。

首先要清楚为什么使用第三方的工具进行迁移？在使用 VMware vCenter Converter 无法迁移 Linux 物理机时（比如，Linux 引导方式为 LILO 引导，而 VMware vCenter Converter 仅支持 GRUB 引导），就不得不借助第三方工具进行迁移。

当要迁移真实物理机时，最好使用 Acronis BR 的最新版本，因为新的物理服务器阵列卡都比较新，使用旧版本的 Acronis BR 有可能无法识别阵列信息，就无法读取磁盘信息。

使用 Acronis BR 的思路是先将物理服务器的所有磁盘进行备份，然后通过 Acronis BR 将其恢复成一台新的虚拟机。具体演示在此不详述。至此，本任务完成。

项目6 发布云桌面服务

项目说明

　　某学校虽然已经实现了整个企业网的全面覆盖，但信息化处理方式还是单机办公模式，使得办公效率低下、设备维护管理费用高、数据存储迁移烦琐。在"互联网+"的环境下，该学校决定进行网络升级，以期实现提高办公效率、减少设备投入的目的。经过多方考察和研究，该学校决定搭建云桌面平台，实现桌面的集中管理和控制，以满足终端用户个性化及移动化办公的需求。

　　经过调研，该学校网络中心采购了若干台高性能服务器，采用 VMware vSphere 7.0 搭建虚拟化平台。技术人员决定部署 VMware Horizon View 8.1 桌面虚拟化平台，制作 Windows 10 虚拟桌面发布给职工使用，在职工掌握虚拟化平台的使用方法后，全面推广私有云平台。

　　为了让读者在自己的计算机上完成实验，本项目将使用 VMware Workstation 搭建环境，读者可以将 ESXi、iSCSI 目标服务器、vCenter Server、Connection Server 分别单独安装在某台物理机或虚拟机上，将 Domain Controller、DNS、DHCP 安装在一台物理机或虚拟机上。如果分多台物理机进行实验，就需要一台物理交换机。学校拓扑结构如图 6.1 所示。

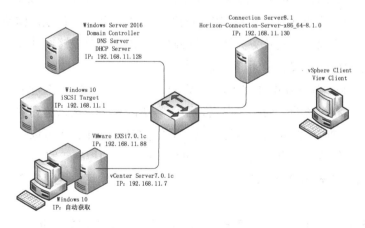

图 6.1　学校拓扑结构

本项目规划的每台主机的 IP 地址、域名和推荐的硬件配置如表 6.1 所示。

表 6.1　实验基本环境要求

主　　机	IP 地址	域　　名	配　　置
Windows 10 +Starwind iSCSI 6.0	192.168.11.1	物理机	1CPU、32GB RAM
VMware ESXi 7.0.1c	192.168.11.88	Esxi.lab.net	2vCPU、16GB RAM
Windows Server 2016、Domain Controller、DNS Server、DHCP Server	192.168.11.128	dc.lab.net	1vCPU、4GB RAM
VMware vCenter Server 7.0.1c（存放于 ESXi 中）	192.168.11.7	vc.lab.net	2vCPU、12GB RAM
Windows 10 模板（存放于 ESXi 中）Horizon-Agent-x86_64-2012-8.1	自动获取	W10.lab.net	1vCPU、4GB RAM
Windows Server 2016 Horizon View Connection Server 8.1	192.168.11.130	cs.lab.net	2vCPU、4GB RAM

部署 VMware Horizon View 的必要服务器组件包括活动目录域控制器、VMware ESXi 主机、vCenter Server、Connection Server。在大型 Horizon View 7.x 部署中，通常还需要 SQL Server 数据库服务器及 Horizon View Composer 组件，以提供虚拟桌面的链接克隆，但在 Horizon View 8.x 中已经放弃 Composer 组件。如果要支持虚拟桌面的 vMotion、DRS 和 HA 等特性，还需要使用 iSCSI 等共享存储。

任务 6.1　配置 VMware Horizon View 基础环境

扫一扫，看微课

VMware Horizon View 以托管服务的形式从专门为交付整个桌面而构建的虚拟化平台上交付丰富的个性化虚拟桌面。通过 VMware Horizon View，用户可以将虚拟桌面整合到数据中心的服务器中，并独立管理操作系统、应用程序和用户数据，从而在获得更高业务灵活性的同时，使最终用户能够通过各种网络条件获得灵活的高性能桌面体验，实现桌面虚拟化的个性化。

VMware Horizon View 能够简化桌面和应用程序管理，同时加强安全性和控制力，为终端用户提供跨会话和设备的个性化、逼真体验，实现传统 PC 难以达到的更高桌面服务的可用性和敏捷性，同时将桌面的总体拥有成本降低 50%。终端用户可以享受更高的工作效率和从更多设备及位置访问桌面的自由，还可以获得更强的控制策略。

使用 VMware Horizon View 能有效提高企业桌面管理的可靠性、安全性、硬件独立性与便捷性。

VMware vSphere 能够在一台物理机上同时运行多个操作系统，回收闲置资源并在多台物理机之间平衡工作负载，处理硬件故障和预定维护。VMware Horizon View 通过将桌面和应用程序与 VMware vSphere 进行集成，并对服务器、存储等网络资源进行虚拟化，可实现对桌面和应用程序的集中管理。

任务分析

本任务创建和配置 VMware ESXi；安装和配置域控制器、DNS 服务器和 DHCP 服务器；安装和配置 vCenter Server；安装和配置 iSCSI 共享存储。

相关知识

VMware Horizon View 通过集中化的服务形式交付和管理桌面、应用程序和数据，从而加强对它们的控制，与传统 PC 不同，Horizon View 并不与物理计算机绑定。相反，它们驻留在云中，并且终端用户可以在需要时访问其虚拟桌面。下面将对涉及的概念进行简单介绍。

1. ViewAgent 组件

ViewAgent 组件用于协助实现会话管理、单点登录、设备重定向及其他功能。

2. ESXi

ESXi 是一款直接安装在物理服务器上的裸机虚拟化管理程序，可用于将服务器划分成多台虚拟机。

3. RDS

RDS（Remote Desktop Service，远程桌面服务）是微软公司针对 Windows 操作系统开发的一种远程控制协议，VMware Horizon 支持创建 RDS 桌面池。

4. VMware vCenter Server

VMware vCenter Server 可以集中管理 VMware vSphere 环境，提供了一个可伸缩、可扩展的平台，为虚拟化管理奠定了基础。

5. Microsoft Active Directory

Microsoft Active Directory 服务是 Windows 平台的核心组件，为用户管理网络环境各个组成要素的标识和关系提供了一种有力手段。Active Directory 使用结构化的数据存储方式，存储有关网络对象的信息，并以此为基础对目录信息进行合乎逻辑的分层组织，让管理员和用户能够轻松地查找和使用这些信息。

6. View Connection Server

View Connection Server 是 VMware Horizon View 虚拟桌面管理体系的重要组成部分，与 vCenter Server 合作，实现对虚拟桌面的管理。

任务实施

为简化任务的实施，我们将此任务分解成以下子任务来分步实施。

任务 6.1.1　配置域控制器、DNS 与 DHCP

在 Windows 系统中，域是安全边界。域控制器类似于网络主管，用于管理所有的网络访问，包括登录服务器、访问共享目录和资源。域控制器存储所有的域范围内的账户和策略信息，包括安全策略、用户身份验证信息和账户信息。每个域都有自己的安全策略，以及它与其他域的安全信任关系。简单来说，域是共享用户账号、计算机账号及安全策略的一组计算机。

域控制器（Domain Controller）是指在"域"模式下，至少有一台服务器负责每台联入网络的计算机和用户的验证工作。域控制器包含由这个域的账户、密码及属于这个域的计算机等信息构成的数据库。当计算机联入网络时，域控制器首先要鉴别这台计算机是否属于这个域，以及用户使用的登录账号是否存在、密码是否正确。如果以上信息有一个不正确，域控制器就会拒绝这个用户从这台计算机登录，用户就不能访问服务器上有权限保护的资源，只能以对等网用户的方式访问 Windows 共享的资源，这样就在一定程度上保护了网络上的资源。

成员服务器是指安装了 Windows Server 操作系统，且加入了域的计算机。成员服务器的主要目的是提供网络服务和数据资源。成员服务器通常包括数据库服务器、Web 服务器、文件共享服务器等。

域中的客户端是指其他操作系统（如 Windows XP/7/8.1/10）的计算机，用户利用这些计算机和域中的账户就可以登录到域，成为域中的客户端。

下面开始域控制器的具体配置。

第 1 步：安装操作系统。

在物理机上安装 Windows 7/8.1/10 或 Windows Server 2012/2016 操作系统，设置 IP 地址为 192.168.11.1，安装 VMware Workstation 16.0 以上版本。在 VMware Workstation 虚拟机中安装 Windows Server 2016，并安装 VMware Tools。

在 Windows Server 2016 中切换到 c:\windows\system32\sysprep 目录，双击 sysprep.exe 文件，打开系统准备工具。重新封装系统的 SID，避免在加入域时造成安全主体的识别混乱和加域失败等情况。因为在同一局域网中，存在相同 SID 的计算机或账户可能导致很多问题，特别是权限和安全方面的问题。

第 2 步：配置域控制器 IP 地址与计算机名。

配置 IP 地址为 192.168.11.128，子网掩码为 255.255.255.0，默认网关为 192.168.11.2，首选 DNS 服务器为 192.168.11.2，如图 6.1.1 所示。

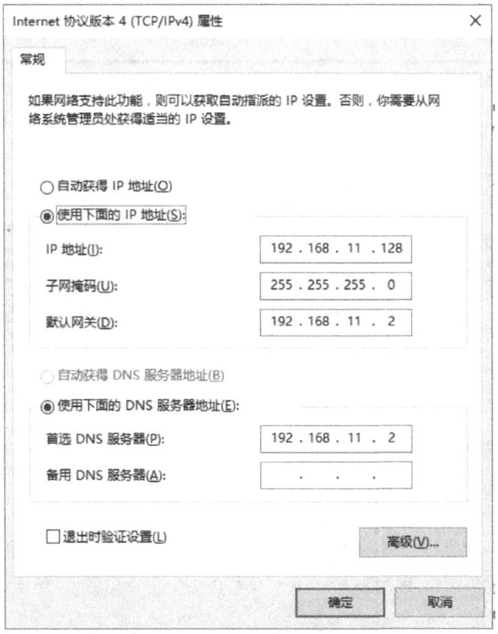

图 6.1.1　配置静态 IP 地址

打开"服务器管理器"对话框，单击"更改系统属性"→"更改"，修改"计算机名"为"DC"，如图 6.1.2 所示，重新启动计算机。

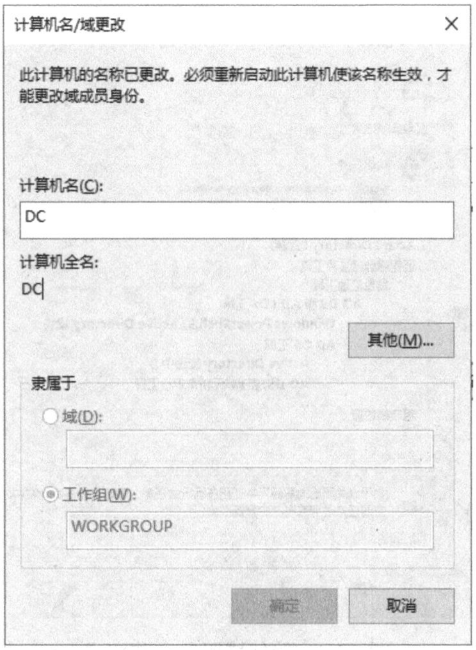

图 6.1.2　修改计算机名

第 3 步：打开添加角色向导。

打开"服务器管理器"对话框，单击"管理"→"添加角色和功能"，打开"添加角色和功能向导"对话框，在服务器角色选项中选择"Active Directory 域服务"选项，如图 6.1.3 所示。

图 6.1.3　安装 Active Directory 域服务

其他设置选择默认项，直接单击"下一步"按钮，等待域服务安装完成，如图 6.1.4 所示。

图 6.1.4　等待域服务安装完成

第 4 步：配置域控制器。

① 选择图 6.1.5 中的"将此服务器提升为域控制器"命令，打开"Active Directory 域服务配置向导"对话框，并添加新林，指定根域名，如图 6.1.6 所示。

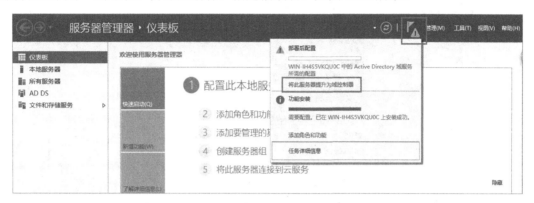

图 6.1.5 服务器管理器通知

图 6.1.6 添加新林，指定根域名

② 设置林功能级别，这里选择"Windows Server 2016"，并在域控制器上安装域名系统（DNS）服务器，输入目录服务还原模式（DSRM）密码并确认密码，如图 6.1.7 所示。

图 6.1.7　设置林功能级别

③ 后面的操作采用默认选择，单击"下一步"按钮直至安装完成。

④ 经过一段时间，完成域控制器的安装，系统自动重启，域管理员登录系统，如图 6.1.8 所示。

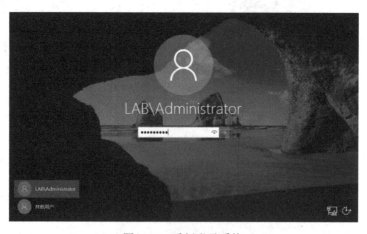

图 6.1.8　重新登录系统

第 5 步：打开组策略编辑器。

Windows Server 2016 默认的账户密码有效期为 42 天，到期后需要更改密码，这为 vCenter Server 和 Horizon View 的管理带来了不便，下面将把密码设置为永久有效。选择 "服务器管理器" → "工具" → "组策略管理" 命令，打开 "组策略管理" 对话框，展开 "林: lab.net" → "域" → "lab.net" → "Default Domain Policy" 选项，右击，在弹出的快捷菜单中选择 "编辑" 命令，如图 6.1.9 所示。

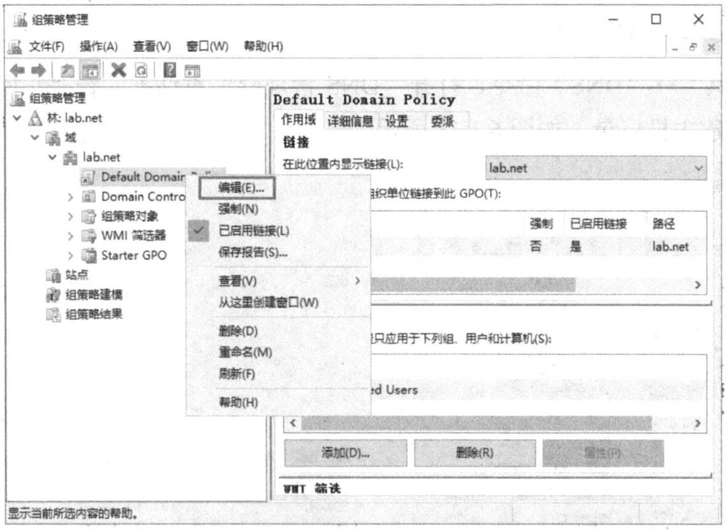

图 6.1.9 "组策略管理"对话框

第 6 步：设置账户密码策略。

选择"计算机配置"→"策略"→"Windows 设置"→"安全设置"→"账户策略"→"密码策略"命令，将"密码必须符合复杂性要求"设置为"已禁用"，"密码长度最小值"设置为"1 个字符"，"密码最短使用期限"和"密码最长使用期限"都设置为"0"，"强制密码历史"设置为"0 个记住的密码"，如图 6.1.10 所示。（这是为了用户管理方便，实际应用时可以按照用户需求设置）

图 6.1.10 组策略管理编辑器

第 7 步：打开 DNS 管理器。

选择"工具"→"DNS"命令，打开"DNS 管理器"对话框，在"正向查找区域"的"lab.net"中新建主机记录，如图 6.1.11 所示。

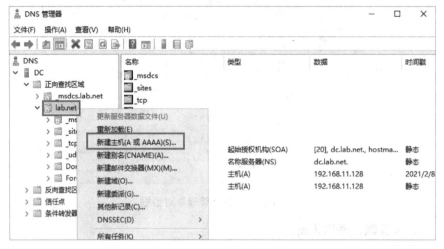

图 6.1.11　新建主机记录

第 8 步：添加 ESXi 的域名。

将 ESXi 的域名"esxi.lab.net"解析为"192.168.11.88"，单击"添加主机"按钮，如图 6.1.12 所示。

图 6.1.12　添加 ESXi 主机

第 9 步：配置 DHCP 服务器。

DHCP（Dynamic Host Configuration Protocol，动态主机配置协议）通常被应用在大型的局域网环境中，主要作用是集中管理、分配 IP 地址，使网络环境中的主机动态获得 IP 地址、网关地址、DNS 服务器地址等信息，并能够提升 IP 地址的使用率。DHCP 采用客户端/服务器模型，当 DHCP 服务器接收到来自网络主机申请地址的信息时，就会向网络主机发送相关的地址配置等信息，以实现网络主机地址信息的动态配置。

在 Horizon View 环境中，DHCP 服务器用来为虚拟桌面操作系统分配 IP 地址等信息。

1. 添加 DHCP 服务器角色

打开"服务器管理器"对话框，选择"管理"→"添加角色和功能"命令，打开"添加角色和功能向导"对话框，在服务器角色选项中选中"DHCP 服务器"，并新建作用域完成配置，如图 6.1.13～图 6.1.15 所示。

图 6.1.13　添加作用域名称

图 6.1.14　定义作用域地址范围

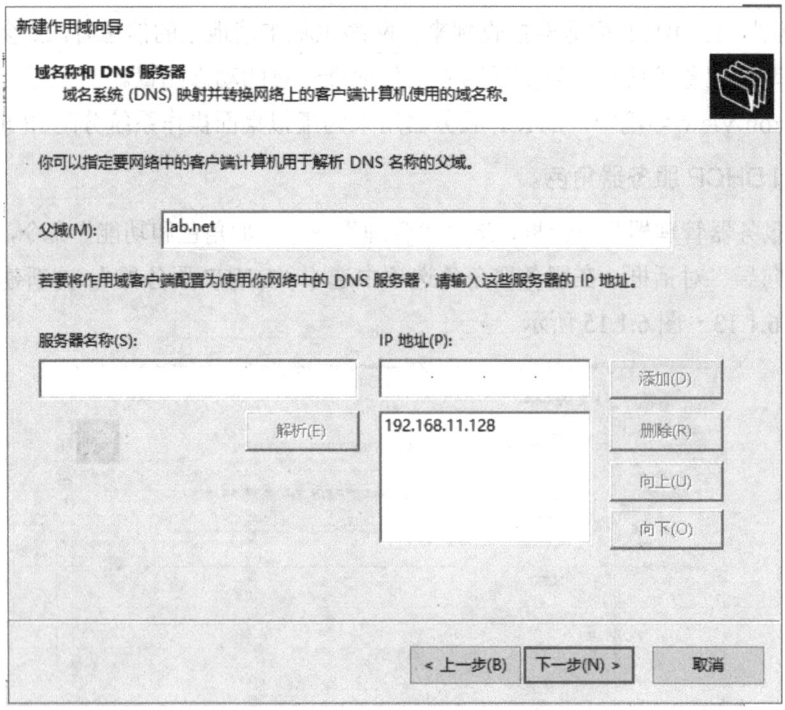

图 6.1.15　添加父域和 DNS 服务器

2. 配置作用域选项

配置作用域选项中的路由器，IP 地址为"192.168.11.2"，如图 6.1.16 所示。

图 6.1.16　配置路由器 IP 地址

至此，域控制器的安装配置、DNS 服务器与 DHCP 服务器配置完成，此任务结束。

任务 6.1.2 配置域中的 OU 与用户

在此任务中，将创建组织单位与用户，为桌面用户从远程登录桌面提供身份认证。

OU（Organizational Unit，组织单位）是可以将用户、组、计算机和其他组织单位放入其中的活动目录容器，是可以指派组策略设置或委派管理权限的最小作用域或单元。通俗地说，如果把 AD 比作一个公司，那么每个 OU 就是一个相对独立的部门。

OU 的创建需要在域控制器中进行，为了有效地组织活动目录对象，通常根据公司业务模式的不同来创建不同的 OU 层次结构。以下是几种常见的设计方法：

- 基于部门的 OU：为了与公司的组织结构相同，OU 可以基于公司各种各样的业务部门创建，如行政部、人事部、工程部、财务部等。
- 基于地理位置的 OU：可以为每个地理位置创建 OU，如北京、上海、广州等。
- 基于对象类型的 OU：在活动目录中可以将各种对象分类，为每类对象建立 OU，如根据用户、计算机、打印机、共享文件夹等。

任务分析

本任务将在域控制器的 lab.net 域里添加新的组织单位 View，在组织单位 View 中再添加组织单位 Users 和 VMs。其中，组织单位 Users 用来存放认证用户，组织单位 VMs 用来存放 View 虚拟机。下面将列出实施的步骤。

任务实施

第 1 步：新建组织单位。

在服务器管理器上选择"工具"→"Active Directory 用户和计算机"命令，打开"Active Directory 用户和计算机"对话框，在域名 lab.net 上右击，在弹出的快捷菜单上选择"新建"→"组织单位"命令，如图 6.1.17 所示。

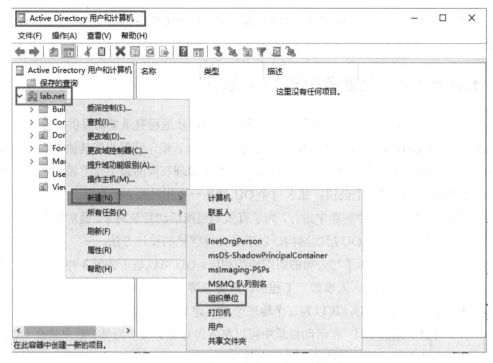

图 6.1.17 "Active Directory 用户和计算机"对话框

输入组织单位的名称 View，单击"确定"按钮，在该组织单位内再创建两个组织单位，分别为 Users 和 VMs。创建完成后的效果如图 6.1.18 所示。

图 6.1.18 创建组织单位

第 2 步：创建用户。

在组织单位 Users 里创建两个用户，用户登录名分别为 user1 和 user2，创建 user1 的操作步骤如图 6.1.19 和图 6.1.20 所示。

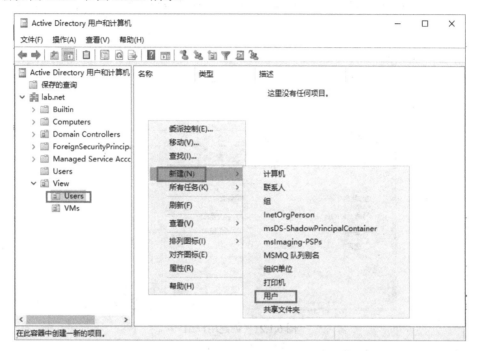

图 6.1.19　创建用户

图 6.1.20　配置用户名

设置密码，其他采用默认设置。使用相同的方法创建 user2 用户。

第 3 步：创建用户组。

在组织单位 Users 里创建用户组 group1，以便管理具备相同权限的用户，如图 6.1.21 所示。

图 6.1.21　创建用户组

第 4 步：将用户添加到组中。

把用户 user1 和 user2 添加到用户组 group1 中，如图 6.1.22 所示。

图 6.1.22　将用户添加到用户组中

至此，本任务结束。

任务 6.1.3　创建和配置 VMware ESXi 与 vCenter

通过物理机或虚拟机安装 VMware ESXi 7.0.1c，ESXi 主机的内存至少应为 16GB；ESXi 的主机名设置为 esxi，IP 地址设置为 192.168.11.88/24；vCenter Server 的 IP 地址设置为 192.168.11.7/24。下面将列出简要的实施步骤。

第 1 步：安装 VMware ESXi 7.0.1c。

具体步骤可以参考项目 2 中的内容，ESXi 的 IP 地址设置为 192.168.11.88/24。

第 2 步：设置 esxi 的 DNS 及主机名。

在 VMware ESXi 7.0.1c 中，按 F2 键后输入 root 用户密码（在安装 VMware ESXi 7.0.1c 时设置的密码），登录系统进入控制台进行初始配置，选择 Configure Management Network 进入配置管理网络界面，选择 DNS Configuration 进入 DNS 配置页面，如图 6.1.23 所示。

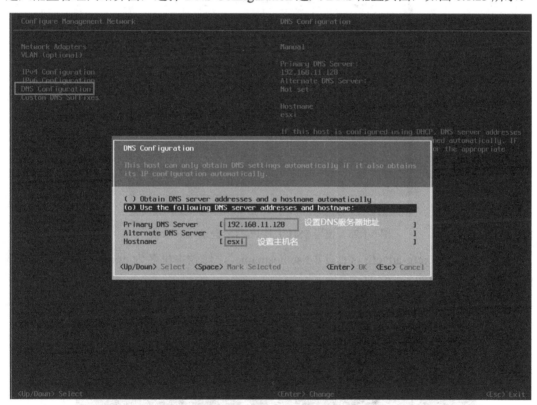

图 6.1.23　设置 esxi 的 DNS 及主机名

下面的操作也可以设置 esxi 主机名。

① 选择主机下的"管理"页面，切换到"服务"菜单，找到 SSH 服务，单击"启动"按钮开启 SSH 服务，如图 6.1.24 所示。

图 6.1.24　开启 SSH 服务

② 使用 SSH 工具 PuTTY 登录 esxi 系统，如图 6.1.25 所示。

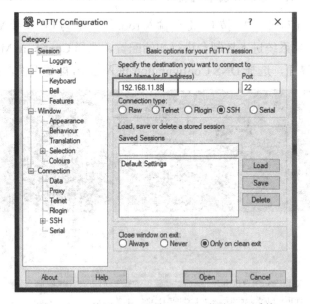

图 6.1.25　使用 SSH 工具 PuTTY 登录 esxi 系统

运行命令"esxcfg-advcfg -s esxi /Misc/hostname"，修改主机名为 esxi。使用"reboot"命令重启系统，如图 6.1.26 所示。

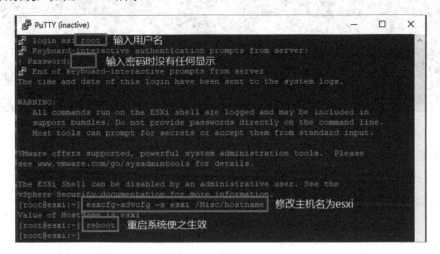

图 6.1.26　修改主机名

重启完成后再次登录，修改后的主机名已正确显示，如图 6.1.27 所示。

图 6.1.27　查看主机名

第 3 步：加入域。

在主机下的"管理"界面，选择"安全和用户"→"加入域"命令，输入域名、用户名和密码，如图 6.1.28 所示。

图 6.1.28　加入域

单击"加入域"按钮，确认加入域 LAB.NET，加入域后的效果如图 6.1.29 所示。

图 6.1.29　加入域后的效果图

第 4 步：安装 vCenter Server。

安装 vCenter Server 的具体步骤可以参考项目 4。设置 vCenter Server 的 IP 地址为 192.168.11.7/24，DNS 服务器为 192.168.11.128，即指向域控制器的 IP 地址。

第 5 步：添加 ESXi 主机到 vCenter Server 中。

vCenter Server 安装完成后，使用 vSphere Client 登录 vCenter Server，创建数据中心 Datacenter，添加 ESXi 主机 esxi.lab.net，如图 6.1.30 所示。

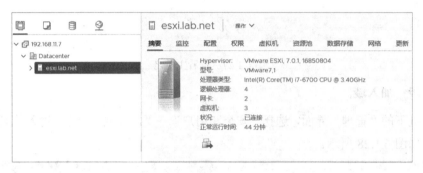

图 6.1.30　管理 vCenter Server

第 6 步：安装和配置 iSCSI 共享存储。

使用 StarWind iSCSI SAN &NAS 6.0 搭建 iSCSI 目标服务器，将操作系统 ISO 文件、模板虚拟机、虚拟桌面都放置在 iSCSI 共享存储中，以便规模扩大时实现 vMotion、DRS、HA 等功能。

① StarWind iSCSI SAN &NAS 6.0 的具体安装步骤参见任务 3.2，先创建新的 iSCSI 目标服务器，然后创建 100 GB 的 iSCSI 存储，如图 6.1.31 所示。

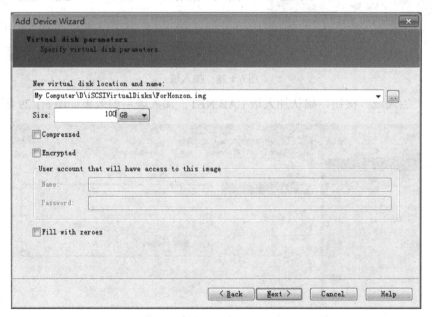

图 6.1.31　创建新的 iSCSI 目标服务器

② 连接 iSCSI 目标服务器。在 vCenter Server 中为 ESXi 主机添加 iSCSI 适配器，输入 iSCSI 服务器的 IP 地址为 192.168.11.1，连接 iSCSI 目标服务器，如图 6.1.32 所示。

图 6.1.32　连接 iSCSI 目标服务器

③ 创建 VMFS 文件系统。在 iSCSI 存储中创建新的 VMFS 文件系统，使用最大可用空间。

至此，本任务结束。

任务 6.2　制作和优化模板虚拟机

扫一扫，看微课

任务说明

任务 5.1 详细介绍了使用模板批量部署虚拟机的过程，在此任务中，我们将简要介绍制作 Windows 10 系统模板虚拟机，以及对 Windows 10 系统模板虚拟机进行优化。

安装好虚拟机后，需要对 Windows 10 系统进行一系列的配置，以适应 Horizon View 的虚拟桌面环境。另外，对终端客户有共性的需求可以对虚拟机进行优化，以利于终端客户正常使用。

相关知识

如果需要在一个虚拟化架构中创建多台具有相同操作系统的虚拟机（如创建多台操作系统为 Windows 10 的虚拟机），使用模板可以大大减少工作量。模板是一个预先配置好的虚拟机的备份，也就是说，模板是由现有的虚拟机创建出来的。

任务实施

第 1 步：上传 ISO 安装镜像到存储。

将 Windows 10 操作系统的安装光盘 ISO 上传到 iSCSI-Starwind 存储中。

第 2 步：创建 Windows 10 虚拟机。

在 ESXi 主机中新建虚拟机，选择"自定义配置"，设置虚拟机名称为"Windows 10"，将虚拟机放在 iSCSI-Starwind 存储中，客户机操作系统为 Windows10(64 位)，虚拟机内核为 2 个，内存为 4GB，使用默认的网络连接和适配器，创建新的虚拟磁盘，磁盘大小为 80GB，选择磁盘置备方式为 Thin Provision。在虚拟机硬件配置中删除软盘驱动器，并在光驱配置中选择 iSCSI-Starwind 存储中的 Windows10 安装光盘 ISO 文件，选中"打开电源时连接"。

第 3 步：安装 Windows 10 系统。

启动虚拟机并安装 Windows 10 操作系统，虚拟机硬盘不需要进行特殊的分区操作，只使用一个分区即可。操作系统安装完成后，关闭系统保护，安装 VMware Tools，并且加入域环境。

对 Windows 10 进行一系列配置，以适应 Horizon View 的虚拟桌面环境。另外，对终端客户有共性的需求可以对虚拟机进行优化，以利于终端客户正常使用。

下面将对 Windows 10 模板虚拟机进行优化。

第 4 步：禁用 WinSAT 任务。

在"控制面板"中选择大图标查看方式，找到"管理工具"→"任务计划程序"，进入"任务计划程序库"→Microsoft→Windows→Maintenance，将 WinSAT 任务设置为"禁用"，如图 6.2.1 所示。

图 6.2.1　禁用 WinSAT

第 5 步：优化电源选项。

在"控制面板"→"电源选项"→"更改计算机睡眠时间"处，将"关闭显示器"和

"使计算机进入睡眠状态"都设置为"从不",如图 6.2.2 所示。

图 6.2.2　更改电源设置

第 6 步：优化硬盘电源选项。

单击"更改高级电源设置",将"在此时间后关闭硬盘"设置为"从不",如图 6.2.3 所示。

图 6.2.3　不关闭硬盘

第 7 步：激活 Windows 10。

使用合法的 KMS 服务器激活 Windows 10。如果 KMS 激活有问题，可以在注册表编辑器中定位到 HKEY_LOCAL_MACHINE\SYSTEM\CurrentControlSet\Services\vmware_viewcomposer_ga，并将 SkipLicenseActivation 的值设置为 1，如图 6.2.4 所示。

图 6.2.4　注册表编辑器

第 8 步：安装 VMware Horizon View Agent。

安装 VMware-Horizon-Agent-x86_64-2012-8.1.0-17352461，如图 6.2.5 所示。

图 6.2.5　安装 VMware Horizon View Agent

安装过程中会进行一系列配置，包括根据提示启用远程桌面等，均采用默认设置即可。安装完成后重启系统。

第9步：清除 IP 地址。

将 Windows 10 的网卡配置为自动获取 IP 地址，并在命令行输入"ipconfig/release"释放获取到的 IP 地址，编辑虚拟机设置，将 CD/DVD 驱动器设备类型更改为"客户端设备"。

第10步：创建快照。

关闭 Windows 10 虚拟机，为虚拟机创建快照，并命名为"View"。

至此，本任务结束。

 # 任务 6.3　安装 Horizon View 8 服务器

任务说明

扫一扫，看微课

作为 VMware Horizon View 体系的连接管理服务器，Horizon View Connection Server 是 VMware Horizon View 的重要组件之一。Horizon View Connection Server 与 vCenter Server 通信，实现对虚拟桌面的高级管理，包括电源操作管理、虚拟桌面池管理、验证用户身份、授予桌面权利、管理虚拟桌面会话、通过 Web 管理界面（Horizon View Administrator Web Client）管理服务器。Horizon View Connection Server 为用户提供四种类型的服务器：Standard Server（标准服务器）、Replica Server（副本服务器）、Security Server（安全服务器）、Registration Server（注册服务器），客户可以根据自己的实际应用选择不同类型的服务器。

作为 VMware Horizon View 终端用户计算管理（End User Computing Management）平台的重要组成部分，Horizon View Composer 支持从父映像以链接克隆的方式快速创建桌面映像。无论在父映像上实施什么更新，都可以在数分钟内推送到任意数量的虚拟桌面，从而极大地简化部署和修补，并降低成本。此过程不会影响用户设置、数据或应用程序，因此用户仍然可以高效地使用工作桌面。

任务分析

此任务的主要工作是安装与配置 VMware Horizon View 服务器，安装与配置 Horizon View Composer，在域控制器中新建 OU 与用户，以供虚拟桌面用户远程登录。

相关知识

Horizon View Connection Server 需要安装在 Windows Server 操作系统中，可以是物理服务器或虚拟服务器。安装 Horizon View Connection Server 的服务器或虚拟机必须加入 Active Directory 域（域控制器必须事先安装配置好，既可以在物理机上，也可以在虚拟机上），并且安装 Horizon View Connection Server 的域用户必须对该服务器具备管理员权限。Horizon View Connection Server 不要与 vCenter Server 安装在同一台物理机或虚拟机上，并且第一台 Horizon View Connection Server 服务器应该安装成 Standard Server（标准服务器），通过它可以管理和维护虚拟桌面、ThinApp 应用。

Horizon View Composer 7.x 需要使用 SQL 数据库来存储数据，所以在安装 Horizon View Composer 之前，要明确数据库能否满足要求。Horizon View Connection Server 8.x 已经放弃了 Horizon View Composer 这个组件。

 任务实施

第 1 步：准备服务器操作系统。

创建虚拟机，安装 Windows Server 2016 操作系统和 VMware Tools。设置 IP 地址为 192.168.11.130，DNS 服务器指向域控制器 192.168.11.128，将计算机名更改为 CS，加入域 lab.net，重启后使用域管理员登录。

第 2 步：开始安装。

开始安装 VMware Horizon 8 Connection Server（2012），具体版本为 VMware-Horizon-Connection-Server-x86_64-8.1.0-17351278，如图 6.3.1 所示。

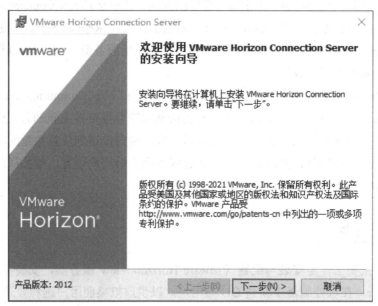

图 6.3.1　开始安装

第 3 步：选择安装选项。

安装 View 标准服务器，选中"安装 HTML Access"复选框，如图 6.3.2 所示。

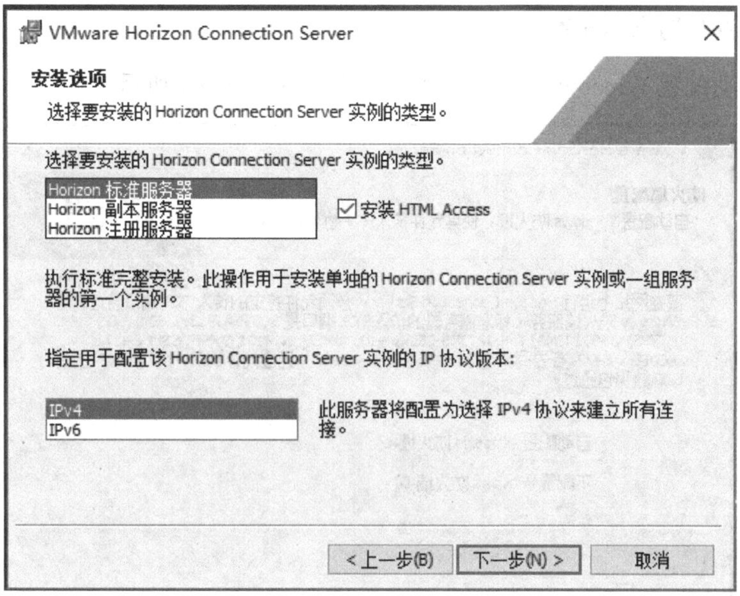

图 6.3.2　安装 HTML Access

Horizon 标准服务器：创建一个实例，用于单独安装一台 Horizon 7 服务器或一组服务器的第一台（主服务器）。

Horizon 副本服务器：加入现有的实例中做备胎（可以有多个）。

Horizon 注册服务器：用于 True SSO 认证机制。

第 4 步：设置数据恢复密码。

设置"输入数据恢复密码"和"重新输入密码"，如图 6.3.3 所示，单击"下一步"按钮。

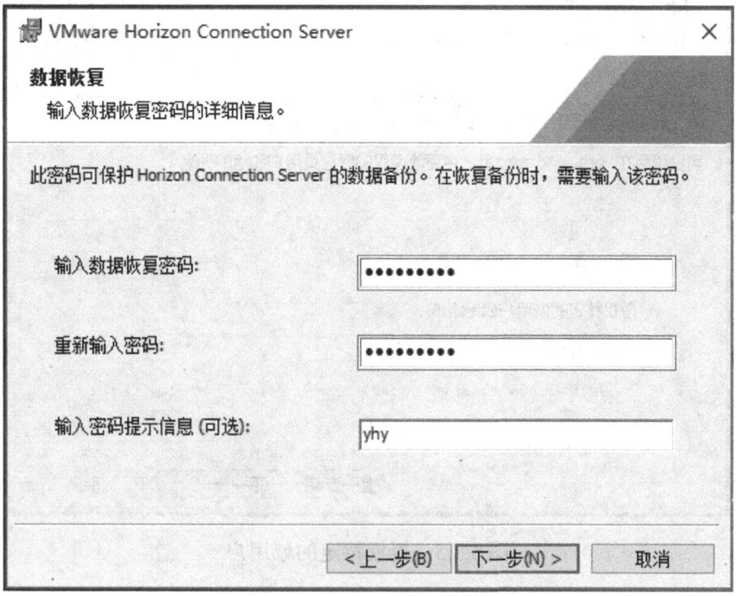

图 6.3.3　设定数据恢复密码

第 5 步：选择防火墙配置。

选择"自动配置 Windows 防火墙"单选按钮，如图 6.3.4 所示。

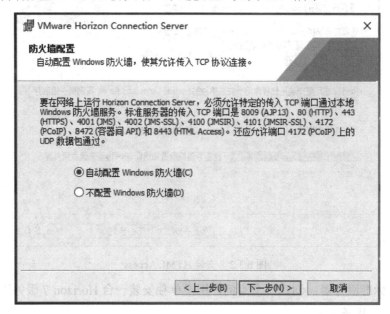

图 6.3.4　选择防火墙配置

第 6 步：设置授权用户。

授权域管理员登录 View 管理界面，如图 6.3.5 所示。

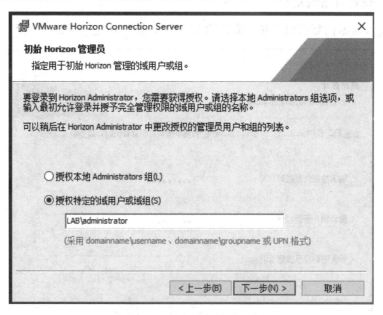

图 6.3.5　授权特定的域用户

第 7 步：设置用户体验改进计划。

取消选中"加入 VMware 客户体验提升计划"复选框，如图 6.3.6 所示。

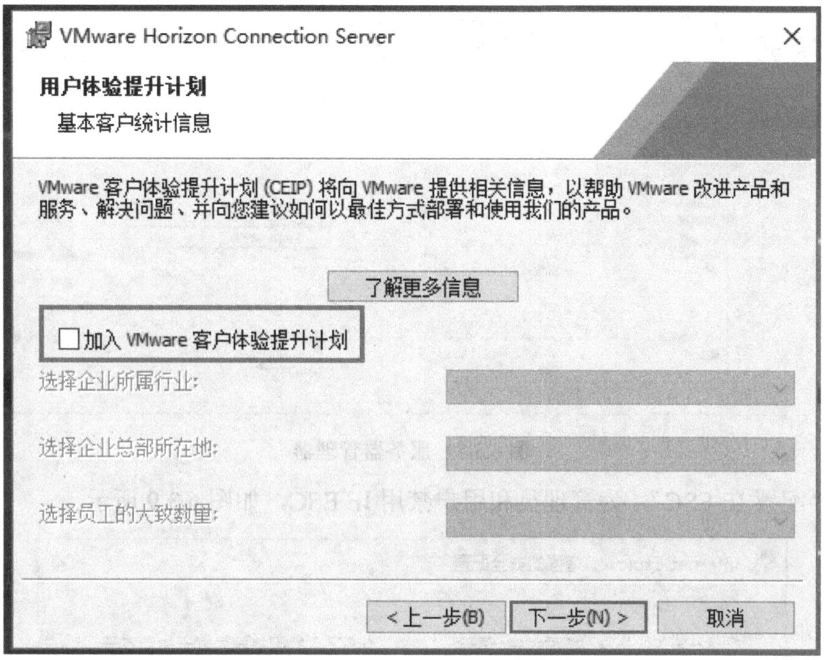

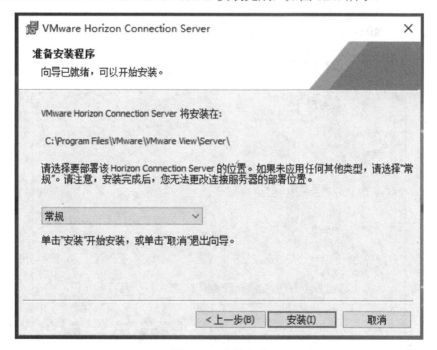

图 6.3.6　不参加用户体验改进计划

VMware Horizon View Connection Server 安装完成，如图 6.3.7 所示。

图 6.3.7　安装完成

第 8 步：配置 IE ESC。

打开服务器管理器，如图 6.3.8 所示。

图 6.3.8　服务器管理器

打开"配置 IE ESC"，为管理员和用户禁用 IE ESC，如图 6.3.9 所示。

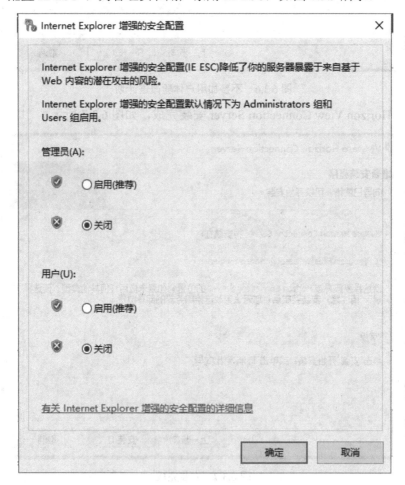

图 6.3.9　禁用 IE ESC

　注意：

服务器系统要求很高的安全性，所以微软给 IE 添加了增强的安全配置。这就使得 IE

在 Internet 区域的安全级别一直是最高的，而且无法进行整体调整。在服务器管理器中关闭 IE 的 ESC 功能才能正常使用 Horizon View Administrator。

至此，Horizon View Connection Server 安装完毕。

任务 6.4 配置 Horizon View 发布 Windows 10 云桌面

扫一扫，看微课

任务说明

VMware Horizon View 以托管服务的形式构建虚拟化平台上的个性化云桌面。通过 Horizon View 可以将虚拟桌面整合到数据中心的服务器中，并独立管理操作系统、应用程序和用户数据，从而在获得更高业务灵活性的同时，使最终用户获得高性能桌面，体验实现桌面虚拟化的个性化。

在此任务中，我们先对 Horizon View 进行简单配置，然后发布任务 6.2 中制作的 Windows 10 虚拟桌面。

任务分析

Horizon View Connection Server、vCenter Server 及域控制器等安装好后，需要对 Horizon View 进行简单的配置后才能发布云桌面，配置包括输入许可证序列号、添加 vCenter Server 服务器、加入域等。

任务实施

对 VMware Horizon View 进行简单的配置后即可发布云桌面，主要配置包括添加桌面池、配置授权、生成虚拟桌面池及其他设置等。

第 1 步：登录服务器。

在 Connection Server 上安装 IE 的 Flash Player 插件，打开 Connection Server 所在桌面上的"View Administrator 控制台"进行 Horizon View 设置，用户名为域管理员 administrator，单击"登录"按钮后，系统会推荐兼容性好的浏览器，建议安装火狐浏览器。安装好浏览器后重新打开控制台，如图 6.4.1 所示。

图 6.4.1　登录 View Administrator 控制台

第 2 步：输入许可证序列号。

选择"清单"中的"设置"→"产品许可和使用情况"，单击"编辑许可证"按钮，输入许可证序列号，如图 6.4.2 所示。

图 6.4.2　输入许可证序列号

第 3 步：准备添加 vCenter Server 服务器。

选择"设置"→"服务器"，在"vCenter Server"选项卡中单击"添加"按钮，如图 6.4.3 所示。

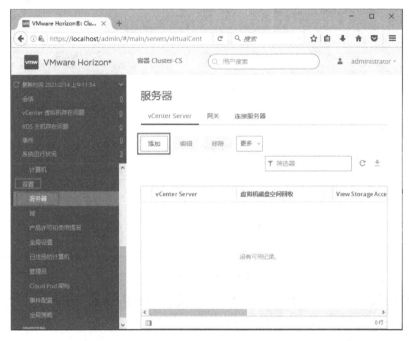

图 6.4.3　在设置中添加服务器

第 4 步：输入 vCenter Server 账号与密码。

输入 vCenter Server 的域名"vc.lab.net"、用户名"administrator@vsphere.local"和密码，如图 6.4.4 所示。

图 6.4.4　添加 vCenter Server 服务器

第 5 步：接受证书。

提示"检测到无效的证书"，如图 6.4.5 所示。

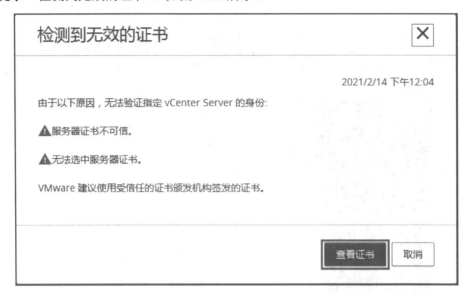

图 6.4.5　证书检测

单击"查看证书"按钮，打开"证书信息"页面，如图 6.4.6 所示，单击"接受"按钮接受证书信息。

图 6.4.6　证书信息

第 6 步：设置存储。

存储设置保持默认，如图 6.4.7 所示。

图 6.4.7　存储设置

设置存储后，在"即将完成"页面核对信息，单击"确认"按钮即可添加 vCenter Server 服务器。

第 7 步：加入域。

在"设置"→"域"中单击"添加"按钮，输入域名"lab.net"、用户名"administrator"和密码，如图 6.4.8 所示。

图 6.4.8　添加域管理员

单击"确定"按钮，vCenter Server 和域设置完成，至此，VMware Horizon View 配置完成。

接下来详细介绍 Windows 10 虚拟桌面的发布。

第 8 步：添加桌面池。

① 在 HorizonView 控制台选择"清单"→"桌面"，单击"添加"按钮，如图 6.4.9 所示。

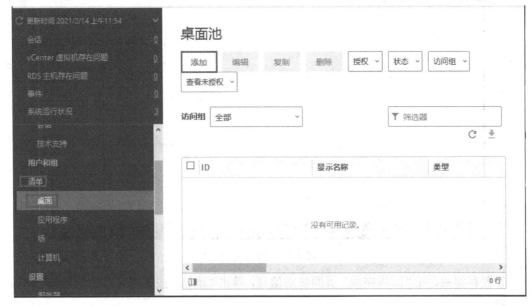

图 6.4.9　添加桌面池

② 选择"自动桌面池"单选按钮，如图 6.4.10 所示。

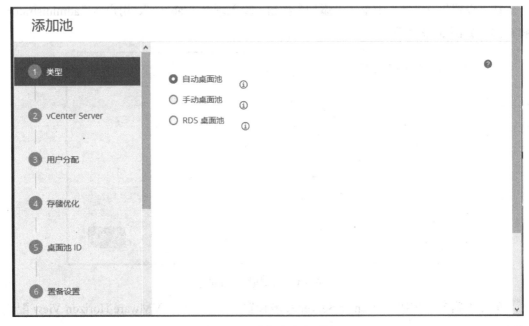

图 6.4.10　选择自动桌面池

③ 选择"即时克隆"单选按钮，如图 6.4.11 所示。

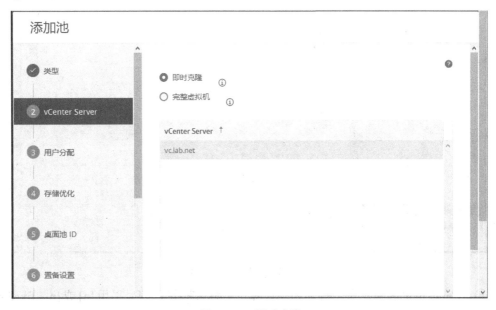

图 6.4.11　即时克隆

④ 选择"专用"→"启用自动分配"，如图 6.4.12 所示。

图 6.4.12　启用自动分配

⑤ 设置桌面池标识 ID，此 ID 在 vCenter Server 中具有唯一性，不能与虚拟机系统文件名重名。在这里配置 ID 为"windows10"，如图 6.4.13 所示。

图 6.4.13　桌面池标识 ID

　⑥ 设定虚拟机名称，命名规则为"计算机名称+编号"，编号采用{n}或{n: fixed=N}（固定长度 N）的方式，命名要求简洁明了，不要超过 13 个字符，在这里输入"windows10-{n}"。"计算机的最小数量"和"备用（已打开电源）计算机数量"设置为"1"，即只部署 1 个虚拟桌面，如图 6.4.14 所示。

图 6.4.14　虚拟机命名

　⑦ vCenter Server 设置。选择最佳配置映像"win10"，如图 6.4.15 所示。

图 6.4.15　选择最佳配置映像"win10"

选择虚拟机的快照为"view"，如图 6.4.16 所示。

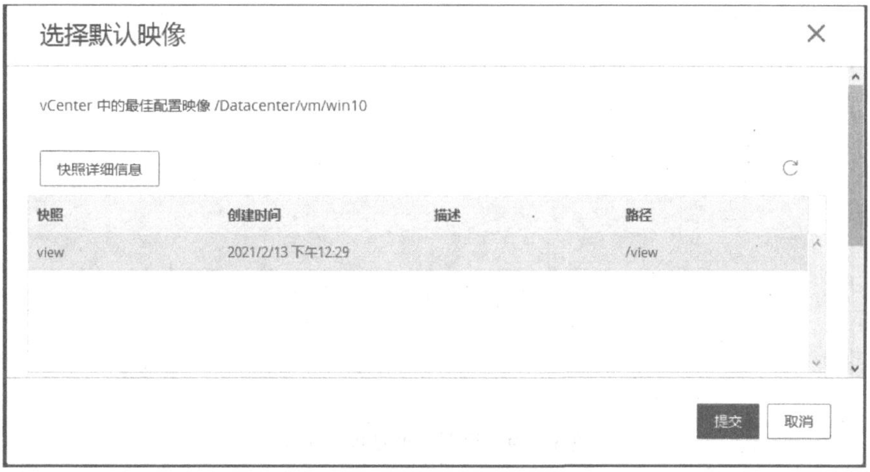

图 6.4.16　选择快照

虚拟机文件夹位置选择"Datacenter"，如图 6.4.17 所示。

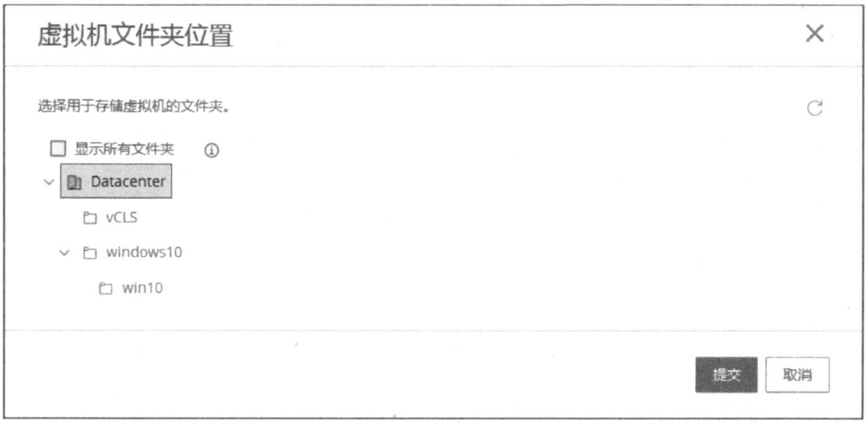

图 6.4.17　选择"Datacenter"

选择集群"vsphere"，如图 6.4.18 所示。

图 6.4.18　选择集群

设置桌面池的资源池为"vsphere"，如图 6.4.19 所示。

图 6.4.19　设置桌面池的资源池

选择即时克隆数据存储的位置"iSCSI-Starwind"，如图 6.4.20 所示。

图 6.4.20　设置数据存储位置

其他选择默认设置，完成虚拟桌面池的创建。

第 9 步：配置授权。

勾选刚刚添加的桌面池"windows10"，在授权窗口单击"添加授权"按钮，如图 6.4.21 所示。

图 6.4.21 添加授权

在弹出的"查找用户或组"窗口中选择域"lab.net"，单击"查找"按钮，选择活动目录中的 group1 用户组，授权 group1 用户组中的用户使用此桌面池，等待 30～60 分钟，当虚拟桌面的状态为"可用"时，虚拟桌面池的部署完成。

第 10 步：其他设置。

在 ESXi 主机的"配置"→"虚拟机"→"虚拟机启动/关机"处，单击"属性"按钮，选中"允许虚拟机与系统一起启动和停止"，将虚拟机 Windows 10 设置为自动启动，关机操作为"客户机关机"。

任务 6.5　连接到云桌面

扫一扫，看微课

经过前面四个任务的准备，云桌面已经搭建成功，本任务讲解三种不同的接入方式。

任务实施

第 1 步：通过浏览器访问云桌面地址。

VMware Horizon View 的云桌面可以通过支持 HTML 5 的浏览器来访问。在浏览器地址栏输入安装 Horizon View Connection Server 的域名地址 https://cs.lab.net 或其 IP 地址，出

现 VMware Horizon 的 Web 界面，如图 6.5.1 所示。

图 6.5.1　通过浏览器登录

第 2 步：输入用户名和密码。

单击 VMware Horizon HTML Access，输入活动目录中的用户名和密码，单击"登录"按钮，如图 6.5.2 所示。

图 6.5.2　输入用户名和密码

第 3 步：查看已发布的云桌面。

出现 Horizon View Connection Server 发布的云桌面清单，如图 6.5.3 所示。

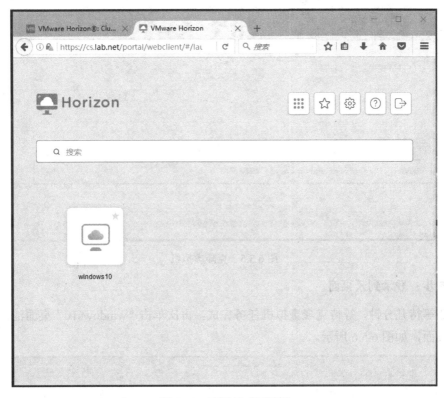

图 6.5.3 查看云桌面清单

双击"windows10"云桌面清单，如果是第一次登录，则弹出错误提示，如图 6.5.4 所示。

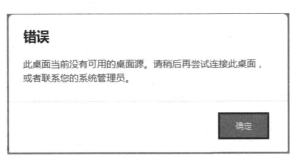

图 6.5.4 错误提示

第 4 步：查看克隆虚拟机任务进度。

此时，切换到 vCenter Server，在最近的任务中，vCenter 正在克隆虚拟机，如图 6.5.5 所示。

图 6.5.5　克隆虚拟机

第 5 步：登录到云桌面。

耐心等待几分钟，等待克隆虚拟机任务完成，再次单击"windows10"桌面池，即可连接到云桌面，如图 6.5.6 所示。

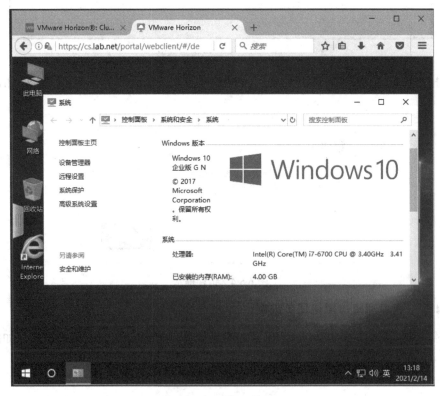

图 6.5.6　连接到云桌面

下面通过客户端连接到云桌面。

第 1 步：下载并安装客户端程序。

下载云桌面连接客户端软件：VMware-Horizon-Client-2012-8.1.0-17349995，并在其他计算机上安装该程序，安装配置采用默认设置即可。

第 2 步：连接到服务器。

打开 Horizon Client，单击"新建服务器"，输入连接服务器 Horizon-Connection-Server 的名称"cs.lab.net"或 IP 地址（192.168.11.130），如图 6.5.7 所示。

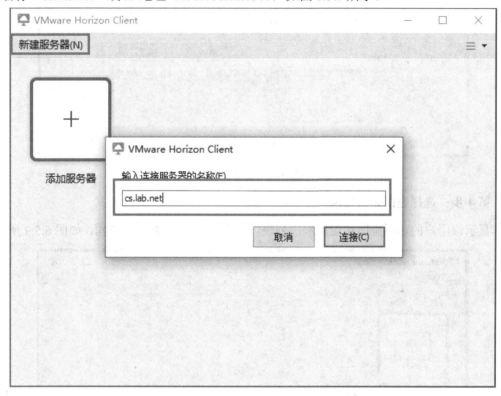

图 6.5.7 连接到 Connection Server 服务器

第 3 步：输入登录的用户名与密码。

单击"连接"按钮登录到服务器，使用在任务 6.1.2 中创建的用户名和密码登录，如图 6.5.8 所示。

图 6.5.8　用户登录

第 4 步：选择虚拟桌面登录。

显示该用户的虚拟桌面和应用程序列表，双击"windows10"云桌面，如图 6.5.9 所示。

图 6.5.9　登录云桌面

第 5 步：登录到云桌面系统。

图 6.5.10 所示为通过 Windows 版 VMware Horizon Client 连接到的 Windows10 云桌面。

图 6.5.10　Windows 10 虚拟桌面

VMware Horizon View 对 Windows 10 操作系统进行了自定义设置，将用户数据保存在 D 盘。该用户下次登录虚拟桌面时，桌面、我的文档等存在于 D 盘中的数据都不会丢失。E 盘用来保存临时文件，不要保存重要数据。

VMware Horizon View 的云桌面不仅可以通过 PC 访问，使用基于 Android、iOS 等移动平台的手机和平板电脑也可以访问。下面将使用 Android 版的 VMware Horizon Client 连接到 VMware Horizon View 的云桌面。

第 6 步：打开客户端准备访问。

在 Android 手机中安装 Horizon Client，通过 WLAN 连接到网络 192.168.11.0/24，打开 Horizon Client，输入服务器名称"cs.1lab.net"，单击"连接"按钮，如图 6.5.11 所示。

图 6.5.11　输入服务器名称

　　输入用户名和密码，先单击"连接"按钮，再单击 Windows 10 桌面，即可登录到云桌面。

参考文献

[1] 王春海. VMware 虚拟化与云计算应用案例详解[M]. 北京：中国铁道出版社，2013.

[2] ScottLowe，Nick Marshall，Forbes Guthrie，等. 精通 VMware vSphere 5.5[M]. 赵俐，曾少宇，译. 北京：人民邮电出版社，2015.

[3] 王春海. VMware vSphere 企业运维实战[M]. 北京：人民邮电出版社，2014.

[4] 何坤源. VMware vSphere 5.0 虚拟化架构实战指南[M]. 北京：人民邮电出版社，2014.

[5] 何坤源. 构建高可用 VMware vSphere 5.X 虚拟化架构[M]. 北京：人民邮电出版社，2014.

[6] 李晨光，朱晓彦，芮坤坤. 虚拟化与云计算平台构建[M]. 北京：机械工业出版社，2016.